工业设计专业系列教材

U0663154

产品创新设计

张蓓蓓　著

电子工业出版社·

Publishing House of Electronics Industry

北京·BEIJING

内 容 简 介

产品创新设计是设计类专业课程中的一门综合性课程。全书共分为6章，为读者提供了一个全面的学习框架，深入探讨产品创新设计的各个关键领域，帮助学生在理论与实践之间建立联系，系统地引导学生理解产品创新设计的核心价值及其应用。

第1章为产品创新设计概述，为读者后续学习奠定基础。第2章讲述产品创新设计思维方法，帮助读者增强面对复杂问题时的灵活性。第3章详细阐述产品创新设计程序。第4章聚焦产品可持续创新设计，将环保理念与社会责任融入设计实践。第5章分析产品创新设计与人工智能的关系，描述人工智能对设计过程的影响及其潜在发展方向，帮助读者适应未来技术的变化。第6章为实战案例分析，将理论知识应用于实际问题，培养读者分析与解决问题的能力。

本书为读者提供了全面的理论基础与实践指导，适合设计专业的本科生和研究生使用，旨在培养产品创新设计领域的领军人才，也可供相关专业的教师、研究人员和设计人员参考。

图书在版编目（CIP）数据

产品创新设计 / 张蓓蓓著. -- 北京：电子工业出
版社，2025. 4. -- ISBN 978-7-121-50214-9

Ⅰ. TB472

中国国家版本馆CIP数据核字第2025TD7677号

责任编辑：赵玉山　　文字编辑：杜　皎
印　　　刷：天津裕同印刷有限公司
装　　　订：天津裕同印刷有限公司
出版发行：电子工业出版社
　　　　　北京市海淀区万寿路173信箱　　邮编：100036
开　　本：787×1092　1/16　印张：12.25　字数：313.6千字
版　　次：2025年4月第1版
印　　次：2025年4月第1次印刷
定　　价：69.00元

凡所购买电子工业出版社图书有缺损问题，请向购买书店调换。若书店售缺，请与本社发行部联系，联系及邮购电话：（010）88254888，88258888。

质量投诉请发邮件至zlts@phei.com.cn，盗版侵权举报请发邮件至dbqq@phei.com.cn。

本书咨询联系方式：（010）88254556，zhaoys@phei.com.cn。

前 言

　　设计的历史是人类行为变迁和文化演进的历史，无论在这一历史进程中发生了什么，我们都能发现，设计总在探讨如何更好地满足人类的需求。从人类早期的生存设计到数字化时代的设计，每个阶段的设计都是人类进步的产物。

　　设计是一个跨学科的专业，将创新、技术、商业、研究及消费者紧密联系在一起，共同进行创造性活动，并将需要解决的问题及解决方案进行可视化，提供创新价值和竞争优势。在科技迅猛发展的今天，产品创新设计不仅是推动经济增长的动力，也是提升消费者生活质量的重要因素。随着市场需求的不断变化，设计师面临前所未有的挑战与机遇，掌握系统的产品创新设计理论与实践技能显得尤为重要。

　　本书共分为六章——产品创新设计概述、产品创新设计思维方法、产品创新设计程序、产品可持续创新设计、产品创新设计与人工智能，以及实战案例分析。本书为读者提供了全面深入的学习框架，以激发读者的创造性思维。在此基础上，本书指导读者了解设计的基本程序，强调可持续的重要性，并探讨人工智能在设计过程中的应用与潜力。

　　本书从实际出发，紧扣当今设计学科的热点、难点和重点问题，构思缜密，精选了很多与理论部分紧密相关的案例，可读性高，具有较强的指导作用和参考价值，可作为高校产品设计、工业设计、设计管理等学科的教材和参考书。我们希望本书能够激励每位读者在设计领域不断探索、创新，成为产品创新设计领域未来的引领者与推动者。

　　本书由张蓓蓓著。李聪聪、杨彦士、姜桐、牛含笑、丰明轩、张楠、冯佳绮、吴杭、杨文静、李雅琪、徐一帆、崔正煊、时雨欣为本书的编写提供了帮助，在此一并表示感谢。

　　由于作者水平有限，书中难免有不妥之处，敬请广大读者及专家批评指正。

作者
2024年10月

目　录

第4章

产品可持续创新设计 ·············084

第5章

产品创新设计与人工智能 ·············116

第6章

实战案例分析 ·················143

第 1 章

产品创新设计概述

现代产品设计是在实用和消费领域中，按照审美法则来创造满足人类生理和心理需要，并且与人类生存有密切关系的实用产品的学科。随着社会的进步，人们对待产品的要求不再仅是实用，美观性与创新性等也成为人们购买和评价产品的标准。所以，产品设计现在面临的问题首先是创造的问题，而不是再现的问题。

创新是指以现有的思维模式提出有别于常规或常人思路的见解和行为。它来源于人对客观世界的认识和感受及各种思维方式，当这种认识和感受与人的主观世界的知觉发生碰撞时，就会产生创造性思维冲动。创新过程是运用自己积累的经验和知识，以科学合理的思维方式进行加工和创造，产生新的思想、概念的过程。设计创新则是借助创造性的想象、意念、意象，通过使用各种创新思维方式来实现从无到有的一种创造性行为。

1.1　产品创新设计的概念

产品创新设计是在产品设计过程中，根据人对外界事物、现象的认识和感受，采用多种创新思维形式，结合自身积累的经验和知识，对产品进行创造性设计，如图 1-1 ~ 图 1-4 所示。产品创新设计是一种创造性过程，是一种针对目标问题的求解活动，它是通过分析、创新与综合，达到实现某些特定功能的一种活动过程。产品创新设计在不同阶段解决的问题不一样，所以需要创造性地统筹各种设计因素，力求实现产品整体性能和质量的提高。

图 1-1 多功能背包

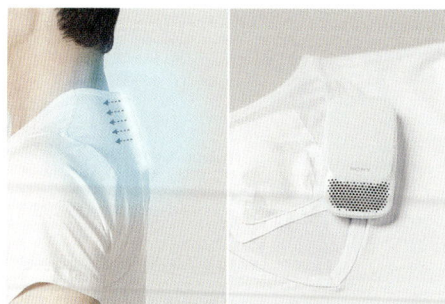

图 1-2 可穿戴空调

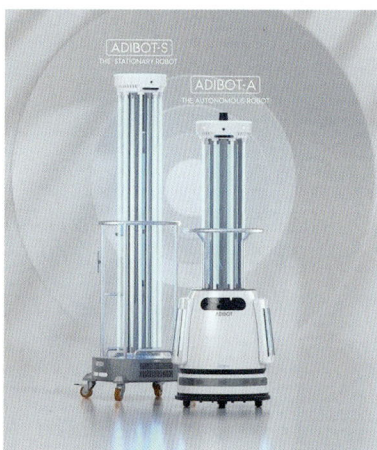

图 1-3 Ubtech Adibot UV-C 消毒机器人

图 1-4 Gitamini 跟随载货机器人

产品创新设计的发展历史也是一部创新发展史。以计时工具创意设计的发展为例，为了计时便捷与准确，人们创新性地设计出了日晷、沙漏、塔钟、摆钟、石英钟和原子钟等，如图 1-5 所示。每一种新型计时工具的创新设计都凝聚着人们对美好生活的渴望，也体现着创新设计的伟大进步。

图 1-5 计时工具发展演变示意图

1.2 产品创新设计的层次

　　产品的核心是用户。产品首先要满足用户的需求，解决用户在生活中遇到的问题。这样产品才会有意义，并提供给用户特定的价值。产品给予用户不同层次的需求感受直接影响用户对产品和品牌的黏性。

　　我们将用户的需求按照呈现特点分为基础型、期望型、兴奋型三个层次，如图 1-6 所示。

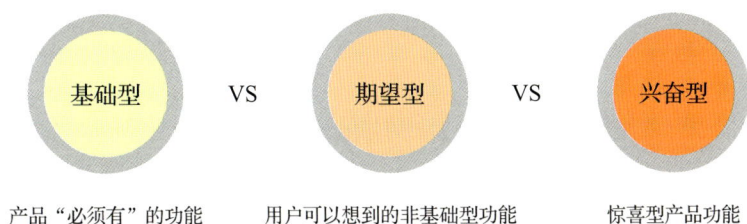

基础型　VS　期望型　VS　兴奋型

产品"必须有"的功能　　　用户可以想到的非基础型功能　　　惊喜型产品功能

图 1-6　三个层次的用户需求

　　基础型需求是用户对产品功能的基本要求，这些需求是必须满足的。基础型需求满足不了，用户满意度会大幅降低。但是，优化基础型需求，用户满意度也不会得到显著提升，因为用户认为产品本身应该具有这些功能，如手表的计时功能。基础型需求是用户的核心需求，也是产品必须实现的功能。

　　期望型需求是用户可以想到的在基础型需求之外更高一级的需求。产品提供的功能可以满足期望型需求，用户满意度就会提升，不能满足这一需求，用户满意度就会降低。例如，用户对手表除计时功能外的装饰功能属于期望型需求。期望型需求的满足程度也是体现产品竞争能力的途径之一。

　　兴奋型需求是用户想不到，需要设计师挖掘的用户隐性需求。产品没有实现此类需求，用户满意度不会降低；产品实现此类需求，用户满意度会有很大的提升。当用户对产品没有明确的需求时，企业会给产品增加一些让用户出乎意料的产品属性或服务，使用户产生惊喜，用户非常满意，从而提高用户忠诚度。

　　将用户对产品的三个层次的需求转化为产品创新设计的层次，应该是多形式、多层次的。我们可以将产品归纳为一般产品、期望产品、潜在产品。用户的需求与产品类型，如图 1-7 所示。

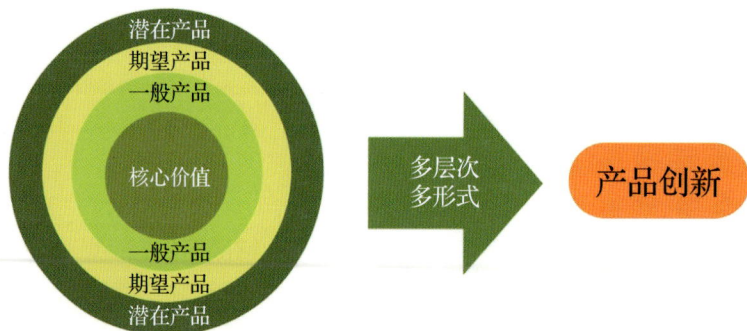

图 1-7　用户的需求与产品类型

1.3　产品创新设计的特点

　　产品创新设计是围绕产品展开的一个复杂的综合设计过程，涉及多方面因素，具有鲜明的特点。产品创新设计在产品的色彩、结构、人机工程、材料、成型工艺、表面涂饰等方面都有所涉及。整个设计过程中的每一个设计因素都需要相互协调。因此，产品创新设计具有综合性、整体性特点。

　　同时，产品创新设计既要符合大众的需求，又要代表产品未来的发展方向。因此，产品创新设计还应该具有前瞻性。为保持产品的前瞻性，设计师在进行产品创新构思之前，必须充分了解市场的需求，了解消费者对产品的期待，这样才能准确把握产品的发展方向，创造符合时代潮流、符合科学技术发展规律的具有前瞻性的现代产品。

1.4　产品创新设计的意义

　　产品创新设计的过程是从无到有、从有到优、从优到精的变化过程，体现了设计师的创新能力。在产品创新设计中，市场、用户、社会需求、技术突破、文化革新等都可以成为设计创新的突破口。设计师分析和研究产品创新设计有助于全面开展设计活动，把握产品创新设计的未来方向。

1.4.1 产品创新设计满足市场需求

产品创新设计的目的是满足人们不同层次的需求，并引导市场需求。当产品市场需求变大的时候，产品销量也会随之变化。在这种情况下，企业为了更好地满足市场多层面的需求，希望开发设计出更多规格、型号的产品来投放市场，让更多、更新的产品款式覆盖所有的细分市场。乔布斯说，用户并不知道自己要什么，直到你把东西摆到他面前。亨利·福特说过："如果我最初问消费者需要什么，他们只会说要一匹更快的马。"营销界有个经典的说法："一位消费者想买钻孔机，他并不是想买钻孔机，他就是想要那个孔而已。"这些事实告诉我们，创新设计可以引导市场需求。创新产品凭借新颖的外观、高雅的色彩、恰当的材质肌理等因素迅速提高市场占有率，从而改变市场需求，使企业获得较大的利润。所以，产品创新设计可以引导和满足市场的需求。

1.4.2 产品创新设计为企业竞争提供动力

在经济全球化、市场一体化的今天，科学技术突飞猛进，生产力快速发展，知识信息更新频繁，人们的生活水平日益提高。产品的生命周期不断缩短，产品的市场竞争日趋激烈，产品创新设计已经成为企业生存和发展壮大的关键因素。当同类产品有多家企业同时生产时，产品的市场竞争将会变得十分激烈。面对激烈的市场竞争，企业必须寻找多种有效手段来提高产品的市场竞争力，其中一个重要手段就是产品创新设计，创新设计的实施给产品的竞争力增加了砝码。企业只有不断设计出具有竞争优势的新产品，才可以在市场中立于不败之地。例如，Nike 采用 3D 打印技术，通过固态塑造形状的方式，将线圈上的 TPU 纤维展开并熔化，随后进行逐层编织和固化，最终完成了运动鞋的鞋面制作，如图 1-8 所示。耐克采用 3D 打印技术制鞋，可以为消费者提供个性化定制鞋款的机会。这项创新不仅拓展了鞋类制造的技术边界，同时满足了个体需求，为市场带来更多的选择。在不断变化的市场环境中，产品创新设计为企业提供适应市场的动力，由过去的偶然为之转变成今天的必然为之。

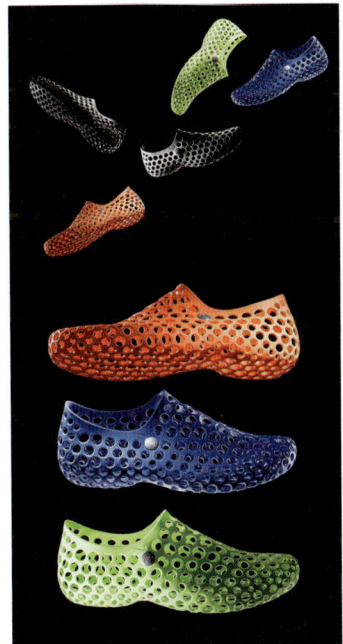

图 1-8 耐克 3D 打印运动鞋

1.4.3 产品创新设计将科学技术市场化

科学技术的迅速发展对生活和生产产生巨大影响。但是，没有在生活和生产中应用的科学技术只能算作科学研究层面的技术，只有将科学技术应用到生活和生产中，才能够实现科学技术的民用价值，而这两者之间的桥梁就是产品创新设计。产品创新设计将新技术与产品实用性能相结合，实现科学技术的市场化。同时，新技术改变的并不只是产品外观的设计，而是包括形式、品质和价值的全新设计结果，它不仅给产品带来更大的市场价值，还给人们的日常生活带来极大的便利。例如：Zigbee 是一种低功耗、短距离通信协议，常用于物联网设备的连接。Honeywell Home 系列产品采用 Zigbee 技术，旨在为用户提供智能、便捷、舒适的室内温控解决方案，如图 1-9 所示。该系列产品的核心部分是 Honeywell Home 的智能恒温器，它们采用 Zigbee 技术与中央控制单元连接，实现了智能调温和远程控制功能。用户可以通过智能手机或其他智能家居平台，实时监测室内温度并进行调整。Honeywell Home 系列还包括智能阀门，这些阀门通常安装在供暖系统中，并通过 Zigbee 协议与智能恒温器和中央控制单元通信。通过智能阀门，用户可以更精细地控制每个房间的温度，实现分区温控，从而提高能源利用效率。Zigbee 技术借助智能温控方案为用户创造了智能、便利、高效的室内温度管理体验。

图 1-9 Honeywell Home 系列

1.4.4 产品创新设计推动流行趋势的变化

流行趋势是指一个时期内在社会上流传很广、盛行一时的大众需求心理现象和社会行为。消费者的流行偏好会影响产品创新设计。同时，更为重要的是，各种产品创新设计也能创造出流行的产品风格。

当消费者的感知、情绪、思维等对刺激效能的敏感度降低时，必然会引起心理适应并达到极限，厌倦心理随之产生，而这种厌倦心理可以用产品创新设计来改变。因此，产品创新设计可以再次引起消费者的兴趣和喜爱，并对多数人的行为方向做出引导，从而产生普遍一致性的消费倾向，推动流行趋势的发展。

1.5 产品创新设计的种类

产品创新设计可以从创新角度分为表层创新、沿袭性创新、渐进式创新、机会性创新、根本性创新五类；也可以从创新目的的角度分类，即面向现有产品的创新设计、面向未来的产品创新设计两大类。为方便大家理解，我们对后一种分类方法进行简单阐述。

1.5.1 面向现有产品的创新设计

面向现有产品的创新设计也称为改良设计，是创新设计中比较常见的一个设计种类。它是继承现有优秀产品的设计成果与市场经验，进行局部或整体的改进型创新设计。因为有可以参照的产品形象，所以改良式的产品创新设计相对比较容易。这类设计可以是对现有产品的形态、色彩、装饰、结构、功能进行局部改良，也可以将现有产品在形式、技术、原理、概念、工艺、制造等方面的内容移植到新的产品设计上加以应用创新，将各类产品优势综合起来，使其变成统一和谐的新产品。

1.5.2 面向未来的产品创新设计

科技在快速发展，社会在进步，人们未来的物质需求和精神需求也会有很大的提高，面向未来的产品设计必须是创新设计、超前设计。以人为研究中心，学习、工作、交通、社交、互动、健康、发展、娱乐等内容都可以作为未来产品创新的线索，只要把握未来的某一变化，就能够推出一种或一系列创新产品。面向未来的产品创新设计主要有以下几个方面。

1. 利用未来高新技术的产品创新设计

高新技术的发展影响着未来产品创新设计的方向。高新技术的出现，左右着产品设计的方向和潮流，设计师需要根据高新技术出现的特征，从中预计未来产品设计的各种新内容，如新形态、新材料、新工艺、新功能、新的人机界面等，将其作为企业面向未来的储备设计。充分应用高新技术的创新产品是实现高附加值设计、高度人性设计、高情感设计、高理性设计、高雅设计，以及具有高度企业文化内涵的创新产品。例如，基于近场通信技术、网络技术和交互技术的现代移动互联网可以帮助用户解决很多问题。美国迈阿密广告学院与纽约公共图书馆合作的项目地铁图书馆（Underground Library）就是利用各种高新技术的设计案例，如图 1-10 所示。乘客只要在虚拟书架面前挑选合适的图书，然后通过带有 NFC（近场通信技术）功能的手机近距离接触图书封面，就能将其以 EPUB 或 PDF 的文件形式下载。不过，乘客下载的图书只有十页内容，十页看完后如果意犹未尽，就可以用手机查询图书馆各分馆地址与馆藏情况，根据个人需要到图书馆把书借回家。

图 1-10　美国迈阿密地铁图书馆

2. 创造未来生活方式的产品创新设计

随着科技与文化的发展，人们未来的生活方式必然会发生变化。因此，研究人们未来的生活方式也是产品创新设计的一个方面。设计师需要通过观察人们现在的生活方式，按照历史发展的必然规律，分析导致生活方式未来发生改变的主要因素，从对这些因素的研究中发现由未来的生活方式产生的产品需求信息，归纳出产品创新设计的新方向。图 1-11 ～图 1-13 为创造未来生活方式的产品创新设计案例。

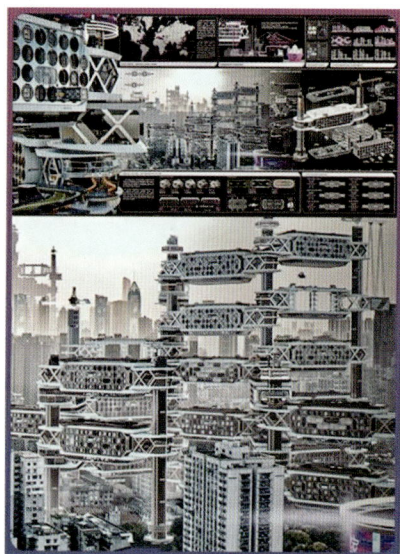

图 1-11　未来城市设计

图 1-12　未来住宅设计

图 1-13　未来农业种植设计

同时，还要研究未来人的工作方式。例如，研究办公室、生产、交通、联络等工作方面出现的新情况，把握各种变化趋势及主要内容，掌握产品创新设计的推动方向。

3. 适应未来生产方式的产品创新设计

生产力要素的发展直接影响未来产品创新设计。先进的生产力可以给产品创新设计提供更广阔的空间，计算机技术高速发展，使产品虚拟加工、安装及功能演示均可以通过计算机进行，实现了无图纸设计。现代数字控制技术保障了设计目标的实现。3D打印技术与快速制造技术，为更大范围的创新提供了条件。未来的生产方式还会发生日新月异的变化，而这种变化无论在创新速度还是在创新效果上，都可以极大地满足设计师的需求，使其可以自由发挥创新设计的想象力。随着产品创新日趋个性化，产品制造趋于小批量，根据需求定做，产品创新设计可以及时适应未来生产方式的变化，根据个人喜好及时提供产品设计方案，满足消费者的个性化需求。

1.6 产品创新设计的基础

现代产品往往综合了多种科学技术成果，其本身就是一个复杂的技术系统。在产品创新设计中，除要综合考虑各种技术因素外，还必须赋予产品更多的美学价值，从"以人为本"的角度，全面满足人的物质需求和精神需求。产品创新设计是工程技术与美学艺术相互融合的一种现代产品设计方法，是集技术、艺术、社会、文化、政治、经济等因素的综合系统，所以具有多种学科（自然、社会、人文、艺术等）相互渗透、融合的特点。产品创新设计的基础大致可以分为科学技术、文化因素、美学基础、绘画技能四大部分。

（1）科学技术是实现产品物质功能的基础，是满足消费者使用需求的根本保证，是产品创新设计的技术支持。

（2）文化是人类物质财富和精神财富的总和，是人类世界与自然界相区别的本质因素。设计师需要从文化因素入手，掌握产品创新设计的文化内涵，从而使产品具有足够的文化品位和审美内涵。同时，从文化视点的高度观察、分析产品，有利于设计师构建系统设计思想，全面理解产品创新设计的目的和本质，指导设计向正确的方向发展。

（3）美学基础是产品创新设计过程中的形式创造指导要素。产品创新设计不仅要将产品的功能特点充分体现出来，反映先进的科学技术水平，还要给消费者美好的心理感受。只有产品的形式与内容达到高度和谐统一，产品才具有丰富的、真正的美。而这种美的实现，需要借助物质技术基础与美学基础来共同完成。

（4）绘画技能对设计师来说，也是不可或缺的。绘画技能是人们观察记录、思维表达和交流沟通的必要手段，可以使创新构思顺利进行，是设计过程中的重要桥梁。

以上四个方面共同构成产品创新设计的基础，缺一不可。

1.7 产品创新设计未来发展趋势

工业设计是一门综合学科，它需要不断追求创新，以提升产品的实用性和美感。随着科技的迅猛发展和社会需求的不断演变，工业设计行业正在经历前所未有的变革，工业设计师面临更大的挑战和机遇。随着全球可持续发展目标的制定，未来工业设计将更加注重产品的可持续性，设计师将采用环保材料、优化生产流程，以减少产品对环境的影响，从材料选择到产品生命周期管理，可持续设计将成为设计师不可忽视的重要议题。

同时，随着物联网技术及人工智能生成内容的迅速普及，工业设计不再局限于传统的生产模式和产品的外观和结构，而是从设计、生产过程到产品使用将更加智能化。产品能够与其他设备互联，为用户提供更为智能的使用体验。从智能家居到智能交通，工业设计师将在产品中融入更多的先进技术，以满足用户对智能化生活的需求。设计师通过深度了解用户行为和心理，创造出更贴近用户心灵的产品，提高产品的实用性和用户满意度。

随着3D打印技术的不断成熟，工业设计将迎来定制化制造的时代，设计师将能够更灵活地满足个性化需求，为用户提供独一无二的产品体验。这不仅推动了设计创新，还为消费者提供了更多选择的机会。

■ 本章小结

创新是时代发展变革的源泉，产品创新更是促进生活方式转变的中流砥柱。而产品创新设计需要设计师以科学技术为依托，以文化观念为导向，让高新技术以一种更加便利、更加舒适的方式更好地服务于人。在实际的设计过程中，设计师除要把握好产品的性质和创新的方法之外，还应该综合考虑用户与市场、企业之间的需求关系，多方位探求三者的潜在需求与接受程度，以寻找创新的平衡点，将创新转化生成通往美好未来的通道，利用设计呈现出美好的形体，这样就离成功更近了一步。

第2章

产品创新设计思维方法

创新不仅是当今世界出现频率非常高的词汇，还是一个非常古老的词汇。在英文中，"创新"（innovation）一词源于拉丁语。它的原意有三层含义：第一，更新；第二，创造新的东西；第三，改变。设计界的创新多指提出有别于常规或常人思路的见解，利用现有的知识和物质，在特定的环境中，通过改进或创造新的事物、方法、元素、路径、环境等，来获得一定有益效果，并满足社会需求，推动社会发展。

创新思维是指以新颖、独创的方法解决问题的思维过程，通过这种思维打破常规思维的界限，以超常规甚至反常规的方法、视角去思考问题，提出与众不同的解决方案，从而产生新颖的、独到的、有价值意义的思维成果。

2.1 思维的分类

思维是人类特有的一种精神活动，是人脑对客观事物的间接和概括的反映。思维活动是在创新主体与客体相互作用中进行的，它是对客观事物进行分析、综合、判断、推理等的认识活动。要在今天的市场经济条件下有效地创新，并选择最佳途径和手段，创新者的思维方法是非常重要的。自古以来，人类的一切发明创造都凝聚着思维的结晶。

2.1.1 科学思维

科学思维是纵向的、抽象的、逻辑性的思维方法，是人类最高层次的思维方式，它不受感情偏见的影响。科学思维重视逻辑和思维的关系。科学思维是从个别中求普遍，发现客观规律，找出共性。它的特点是以概念、判断、推理的方式去揭示事物的本质，其不足之处是思维模式是静止的、片面的。

2.1.2 艺术思维

艺术思维是人类最原始、最基本的思维方式，这种思维方式是从形态入手，按照偶然性、机遇性、可能性、因果性和不确定性去进行思维活动。它具有非连续性、跳跃、敏感、重形象、重联想等特点。例如，日常生活中的灵感就属于艺术思维的范畴。灵感处于认识的感性阶段，是一种非理性因素。灵感思维穿插在抽象思维和形象思维之中，有自由、生动、虚幻、突发、突破、创造、升华的作用。它是人的理性认识不可缺少的高级认识方式。灵感获取的知识并非限于对事物表面的感性认识，而是对事物本质和规律的深入洞察。灵感在创新之路上起着跃迁作用。

2.1.3 设计思维

设计是对一切人为事物的认识与再创造。产品设计是一门交叉、综合学科，涉及众多领域的学科知识。在知识经济初见端倪和市场经济活跃的今天，人们面临的创新活动更加复杂化、多样化、系统化，这就需要建立科学认识一切人为事物的方法，即设计思维。设计思维是一种创造性思维，创造性思维不是单一的思维方式，而是以各种智力因素与非智力因素为基础的高级的、复杂的思维活动。设计思维是多种思维方式、能力、知识的综合与运用，以艺术思维为基础，与科学思维相结合，是智力因素与非智力因素的和谐统一。艺术思维和科学思维互为条件，相互反馈，使人们在设计过程中能够科学地发现问题、分析问题、归纳问题，并简洁、清晰、有序地表达解决问题的方法、过程和结果。

2.1.4 创造性思维

创造性思维是指以独特的方式解决问题、生成新想法，或提出新颖解决方案的思维过程，是人类在体力和智力处于最集中、最紧张、最亢奋状态下的具有发现意义的思维活动。它并非简单的思维活动，涉及对传统观点和惯性思维的突破，以及对新颖、独特并具有潜在价值的想法的生成。创造性思维具有多种特点，如主动性、目的性、预见性、求异性、发散性、突变性、创造性等。

2.2 产品创新设计思维方法分类

产品创新设计思维方法是在进行产品创新过程中运用的手段，是产生创新构想的途径，是开展创新活动的方法。如果说方法是由此岸到达彼岸的桥，那么产品创新思维方法就是跨越鸿沟获取创新构想的桥梁。产品创新思维方法是利用创新性思维（形象思维、抽象思维、直觉思维、灵感思维、发散思维、收敛思维、分合思维、联想思维、逆向思维等）对已有事物和现象的特征进行总结和提炼，并运用到新事物、新产品上的方法。实践证明，产品创新思维方法是行之有效的，并且具有较强的可操作性。它是在大量的产品创新活动中运用的具有普遍规律的技巧和方法。它可以直接指导人们开展各种产品创新设计活动，对提高现代工业产品的创新设计质量有显著的促进作用。因此，研究总结各种创新技法，以此指导产品的创新设计活动具有积极而深远的意义。创新思维方法种类繁多，下面介绍一些在产品创新设计中被普遍应用的方法。

2.2.1 集体激发创造法

1. 头脑风暴法

头脑风暴法又称智力激励法、畅谈法或集思法。头脑风暴法是 1939 年由美国创造学家 A. F. 奥斯本首次提出的。该方法是以会议形式对某个方案进行咨询或讨论，是一种强调集体思考的方法，与会者可以无拘无束地发表自己的见解，大家互相激发思考，在指定时间内构想出大量想法，并从中引发新颖的构思。该方法的核心是：与会者专心提出构想，不进行评价；不局限思考空间，鼓励与会者想出各种各样的主意。

头脑风暴法在实施的过程中基本可以分为会议准备、会议召开、提案、会后整理四个阶段，如图 2-1 所示。

2. 哥顿法

哥顿法是美国人哥顿在 1964 年提出的。这个方法的特点是，除主持人以外，其他参加会议的人员都不知道会议要解决什么具体问题。主持人用提出"抽象问题"的方式向与会者宣布讨论的事情，而不讲清具体问题是什么。与会者根据主持人的问题海阔天空地提出各种不同的设想。在适当的时候，主持人宣布要讨论的问题。主持人在主持讨论时，注意因势利导地引导、启发与会者围绕主题进行讨论。这种方法的优点是先把讨论的问题抽象化，然后研究被抽象的问题的解决办法。这样与会者就不受现实事物的约束，可以大胆地漫无边际地畅所欲言，从而产生出一些不寻常的设想或创新的办法。例如，在探讨一种新型绘图工具设计方案的时候，主持人笼统地说今天讨论的题目是"怎样画图"，而不是说出"设计新型绘图工具"这样具体的问题。如此一来，会上提出的意见就十分广泛，无奇不有。当会议酝酿出若干可行方案时，主持人宣布要研究的主题，然后转入头脑风暴法，再进行讨论。

1	2	3	4
会议准备阶段	**会议召开阶段**	**提案阶段**	**会后整理阶段**
会前，与会者、主持人和课题任务三落实。主持人应精通业务，熟悉情况，思维敏捷，作风民主，能启发与会者畅谈己见。主持人一般不在会议上发表自己的观点。在会议召开之前，主持人应做好充分的准备工作，并预测在会议上可能产生的方案。	会议讨论阶段，由主持人公布会议主题并介绍与主题相关的参考情况。主持人欢迎与会者畅谈己见，突破思维惯性，大胆进行联想；允许在别人意见的基础上加以补充，禁止反驳或批评不同的意见，鼓励与会者多提方案。	提案是用文字表述的。对已有的技术方法，在提案中无须加以阐述。提案的重点是根据功能定义而提出创造性的方法和怎样以最低费用实现产品必要功能的新技术方案。	会议结束后，对与会者在会议上的发言进行整理和综合。对提案在技术上的可行性、经济上的可行性做出评价。意见相同的，或能相互补充的提案应加以合并。对各种意见要加以论证，并做好补充工作。

图 2-1　头脑风暴法实施过程

3. 菲利浦斯 66 法

菲利浦斯 66 法是适用于人数较多团体的集体思考方法，又名小组讨论法，是美国密歇根州希尔斯代尔学院校长 J. D. 菲利浦斯发明的。该方法的特点是以头脑风暴法为基础，将一个团体分为多个 6 人小组，每个小组围绕设计主题，运用头脑风暴法进行 6 分钟的研讨。如果人数极多，又在同一会场里分组进行头脑风暴法，势必造成各组间的竞争，气氛热烈，犹如"蜜蜂聚会"，故这种方法又称为"蜂音会议"。

4. 635 法

635 法是德国形态分析法专家霍利格发明的。该方法是对头脑风暴法加以改进后形成的默写式智力激励法。该方法有 6 人参加，每人各自提出 3 个设想，要求在 5 分钟内完成，故此得名。其操作程序如下：

与会者共 6 人，每人面前放置设想卡，设想卡的横向为参与人员代号，纵向为每个参与人员针对问题提出的设想，如图 2-2 所示。A 至 F 代表 6 个人，每人根据设计主题写出 3 个设想，要求在 5 分钟内完成。5 分钟时间一到，参与人员将写好的卡片传递给右邻参与人员，由其再继续添加 3 个设想，每个添加的设想都不能与纸面上已有的设想重复，每隔 5 分钟如此重复。这样每人共传递卡片 6 次，30 分钟为一个循环，6 张卡片一共可以得 108 个设想。在使用此方法的过程中，参与人员不可讲话，避免产生孰优孰劣的评价。参与人员相互传递设想，互相启发，能够引发出更多好的设想。最后，整理分类归纳 108 个设想，从中找出可行的先进的解决方案加以延伸。

图 2-2　635 法操作示意

635 法的优点是能够弥补参与人员因地位、性格的差别而造成的压抑；缺点是每个人自己思考，没有交流，激励不够充分。

5. ZK 法

日本东京工业大学讲师、系统研究所理事长片方善治创造的 ZK 法是运用"启、承、转、合"引发设计构想，故又名"片方法"。其程序如下：

主持人一名，与会者若干人。

"启"：与会者围绕设计主题各自搜集有关资料，并进行创造性思考。

"承"：每人根据自己搜集的资料，进行归纳和总结，并将自己的设想写在纸上，然后向大家介绍。与会者可以巧妙利用他人的方案，构思出新的设计方案。

"转"：每人将各自构想的方案写好贴在墙上，并对自己与别人的方案进行默想和修改，如图 2-3 所示。

"合"：每人各自将方案再次写好，互相交流讨论，甚至可以进行实践，直到找到最佳的方案为止。

图 2-3　ZK 法——"转"

2.2.2　图表分析创造法

1. 心智图法

心智图法又称为思维导图，是一种刺激思维与帮助整合思想与信息的思考方法，也可以说是一种将观念图像化的思考策略。它将各种想法及其之间的关联性以图像、声音等形式呈现出来。这些图像可以帮助我们对复杂的概念、信息和数据进行组织加工，以更形象和易懂的形式呈现出来。此方法具有开放性，可以让使用者自由地激发发散性思维，发挥联想力，并且能够有层次地将各类想法组织起来。因此，这种方法被认为是全面调动分析能力和创造能力的一种思考方法。

心智图法如图 2-4 所示。首先，拟定主题，把主题置于中心，可以用彩色凸显主题，强化注意力。其次，从中心点引出若干支线，将与主题有关的观点或数据分类写上。若有类似观点，则可以在原支线上增加分支。对于不同或不能归类的论点，另引一条支线（见图 2-4）。将各支线加以简洁说明，进行整理，将可行的观点加以汇总，产生最后的观点或解法。心智图法的优点是：操作简单、易用；思维发散过程可视化，并且容易记忆；允许从各个角度展开工作；提纲挈领，能够帮助使用者轻松立足全局，掌握问题之间的联系。

2. 曼陀罗法

曼陀罗法是一种有助于发散性思维的思考方法，将主题写在一幅类似九宫图的曼陀罗图的中间，然后把由主题引发的各种想法或联想写在其余的八个格内，形成能够诱发潜能的"魔术方块"。逐条记录的笔记一般无法使人产生独特的想法和创新，因为只有思想向四面八方延展时，才可能产生创新。利用曼陀罗图，人的思维可以在连续反应下持续被激发。与列式笔记相比，这是一种视觉式思考方法。曼陀罗法在操作过程中可以分为四面八方扩展和顺时针逐步思考两种类型，如图 2-5 和图 2-6 所示。

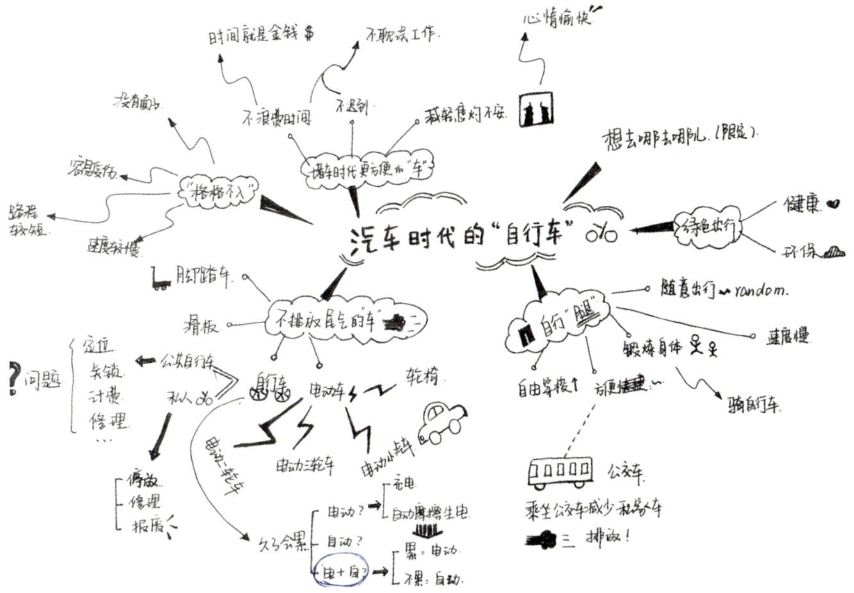

图 2-4　心智图法（思维导图）案例

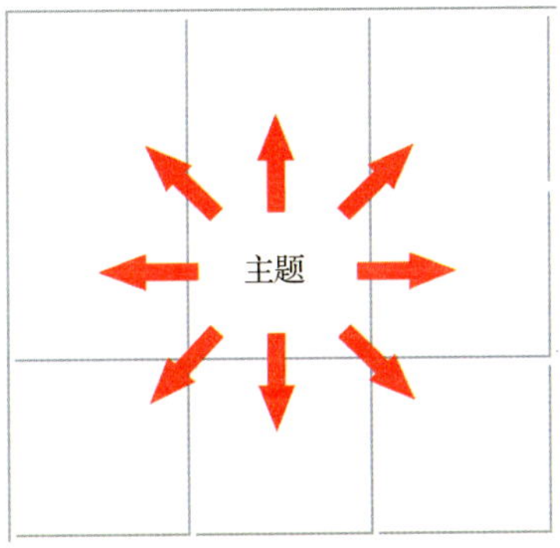

图 2-5　四面八方扩展型曼陀罗法

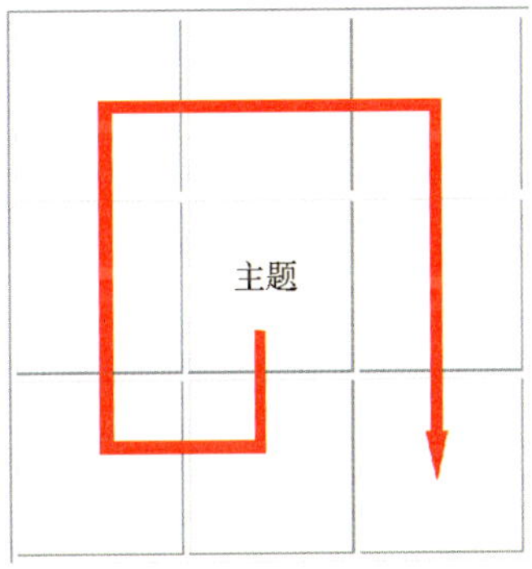

图 2-6　顺时针逐步思考型曼陀罗法

　　我们以四面八方扩展型曼陀罗法为例进行说明。四面八方扩展型曼陀罗法是一种没有设限的模式，特别适合用来收集灵感，进行创新思考。如图 2-7 所示，只要使用者在中间的空格填上想发挥的主题，便会自然地想把其他八个空格填满，而这种填满的过程就是创新发挥的过程。如果想法不断，就可以把填满八个空格的想法继续向外扩散，作为新的主题，再填充新的曼陀罗图。这样，8 个想法可以生出 64 个想法，以此类推，还可以生出 512 个想法，然后再把这些想法加以精简，得到自己所要的解决方法。

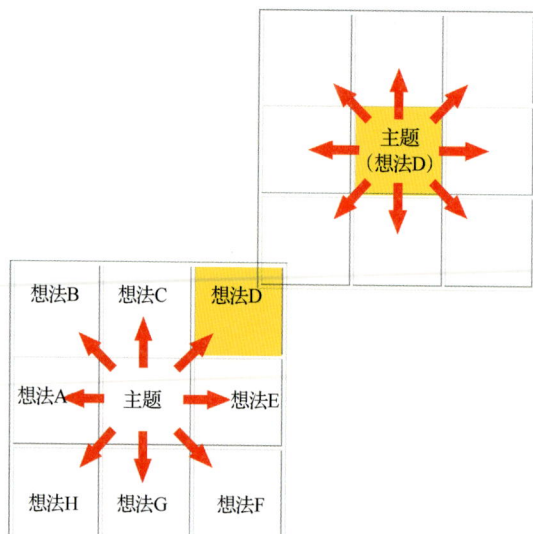

图 2-7 曼陀罗法延伸示意图

2.2.3 列举创造法

1. 属性列举法

属性列举法又称为属性罗列法、特性罗列法等，是美国尼布拉斯加大学的克劳福德教授在奥斯本激励法的基础上在 1954 年发明的一种创新思考方式。此方法强调使用者在创造的过程中观察和分析事物或问题的特性或属性，然后针对每个特性提出改良或改变构想。

属性列举法有两个要点：第一，问题分得越小，越容易得出设想；第二，各种产品或部件均有其属性。应用此方法，首先分门别类地将设计课题的特性或属性列举出来，然后将其特性或属性进行置换，试用其他各种属性进行设计。置换的属性是否可行，不可过早评价，因为过早评价会导致思路堵塞。当引出有独创性的方案时，再通过评价和研讨找出具有可行性的最佳方案。日本学者上野阳一认为，为进一步使人们掌握属性列举法，可以从以下三个方面区分产品的属性。

（1）名词属性。用恰当的名词来表达产品及其零部件组成部分和各个要素，如"形状""结构""材料""原理""部分"等特性。

（2）形容词属性。用"重的""小的""圆的""色泽"等形容词来表达产品及其零部件的特性。

（3）动词属性。用动词来表达产品及其零部件的特性，如"通电""启动""切削"等。

使用属性列举法时，要注意以下三点。

（1）力求将已有产品和设计产品的各种属性和特征全部罗列出来，问题与角度越广越好，这样才能进行较为完整的对比和分析，以利于归纳总结。

（2）列举归类一定要准确，不可发生差错，因为归类错误必然影响结果的准确性。

（3）从多个角度提出问题，尽量使问题涵盖全面，以便进行设计设想和推演。

属性列举法案例，如图 2-8 所示。

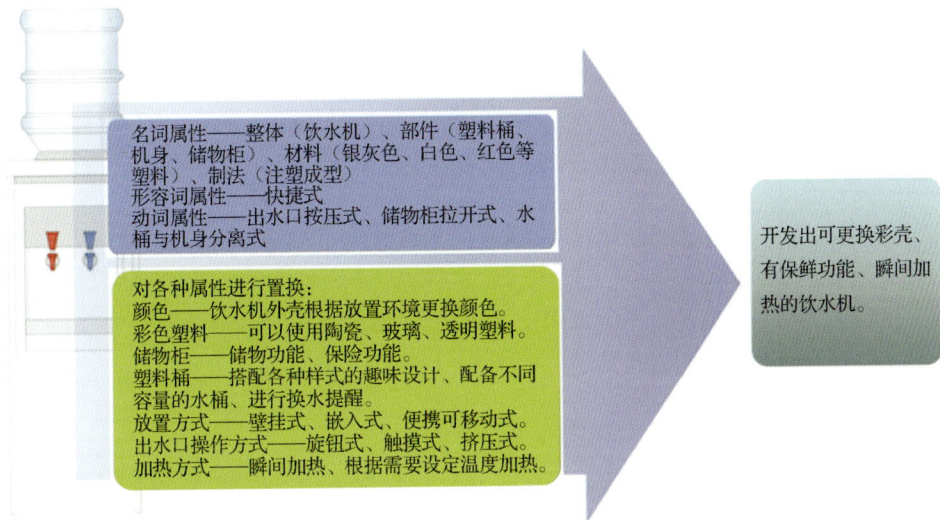

名词属性——整体（饮水机）、部件（塑料桶、机身、储物柜）、材料（银灰色、白色、红色等塑料）、制法（注塑成型）
形容词属性——快捷式
动词属性——出水口按压式、储物柜拉开式、水桶与机身分离式

对各种属性进行置换：
颜色——饮水机外壳根据放置环境更换颜色。
彩色塑料——可以使用陶瓷、玻璃、透明塑料。
储物柜——储物功能、保险功能。
塑料桶——搭配各种样式的趣味设计、配备不同容量的水桶、进行换水提醒。
放置方式——壁挂式、嵌入式、便携可移动式。
出水口操作方式——旋钮式、触摸式、挤压式。
加热方式——瞬间加热、根据需要设定温度加热。

开发出可更换彩壳、有保鲜功能、瞬间加热的饮水机。

图 2-8　属性列举法案例

属性列举法尤其适用于对产品进行改良设计。设计师灵活运用属性列举法，可以迅速、准确地找到设计感觉和方向。

2. 缺点列举法

任何事物，或多或少都有缺点。无论怎样设计与加工，工业产品都会存在一些缺点。缺点列举法是美国通用电气公司子公司发明的一种分析方法，此方法是将设计的问题分成若干层次进行分析，在分析问题时挑出其中的缺点和不足之处，并提出相应的解决方法。在运用缺点列举法对产品进行改进时，应该首先了解缺点的性质及类别，以方便后面的列举。一般来说，产品的缺点有以下两大类。

（1）显露的缺点。这种缺点一般是由以下原因造成的。

① 在生产过程中形成的缺点，如铸件上的砂眼，陶瓷上的斑点、裂纹、变形等缺陷。

② 由于原材料不好形成的缺点，如原材料质量差、不合格等。

③ 由于设计不良形成的缺点，如成本高、噪声大、体积大、外形不美观、使用不方便等缺点。

（2）潜在的缺点。这种缺点大致是由以下两种情况造成的。

① 设计造成的。例如，产品的安全性、维修性和可靠性等问题需要在使用过程中发现，从外观上一般不易发现。

② 技术进步造成的。随着时间的推移，产品技术逐渐落后，这样产品原来的优点也会失去积极作用，转化为消极作用，变成缺点。

下面以大家熟悉的刷牙杯为例，分析其两类缺点。

（1）显露的缺点。

① 由于原材料不好造成的：易碎、易脏、不易清洗、与牙刷碰撞声音大。

② 由于设计不良造成的：外形简单，牙刷、牙膏放置不合理。

（2）潜在的缺点。

在使用过程中发现的设计问题：刷牙杯不能完全保证牙刷的清洁；刷牙时杯子里的水容易洒出。

图 2-9 改良后的刷牙杯

设计目的就是将这些缺点通过设计改良进行弥补，让刷牙杯具有不易打碎、杯体不易弄脏、清洁方便、易放置、稳定性高、有特殊结构来保护牙刷的清洁、方便放置牙刷等功能。设计师由此设计出一种杯体内胆为圆弧形，无死角，易清洗，杯体外套为方形稳定底座，并且带有独立牙刷插槽的防沾水、抗摔玻璃刷牙杯，如图 2-9 所示。

在运用缺点列举法时，要从不同的角度进行分析，以免遗漏缺点。

3. 希望点列举法

希望点列举法是一种不断提出"希望""怎样才能更好"等理想和愿望，进而探求解决问题和改善对策的方法。

例如，对菜板的希望，可以列举出九点，如图 2-10 所示。

菜板 ➡ 希望

- 不用洗刷
- 切菜不出声音
- 切水分多的食物，不到处淌水
- 在任何地方都可以用
- 光线弱时，可以照明使用
- 做饭时有食谱显示
- 有切割花型的模子
- 有计量功能，能称重
- 有音乐功能，可以活跃做饭气氛

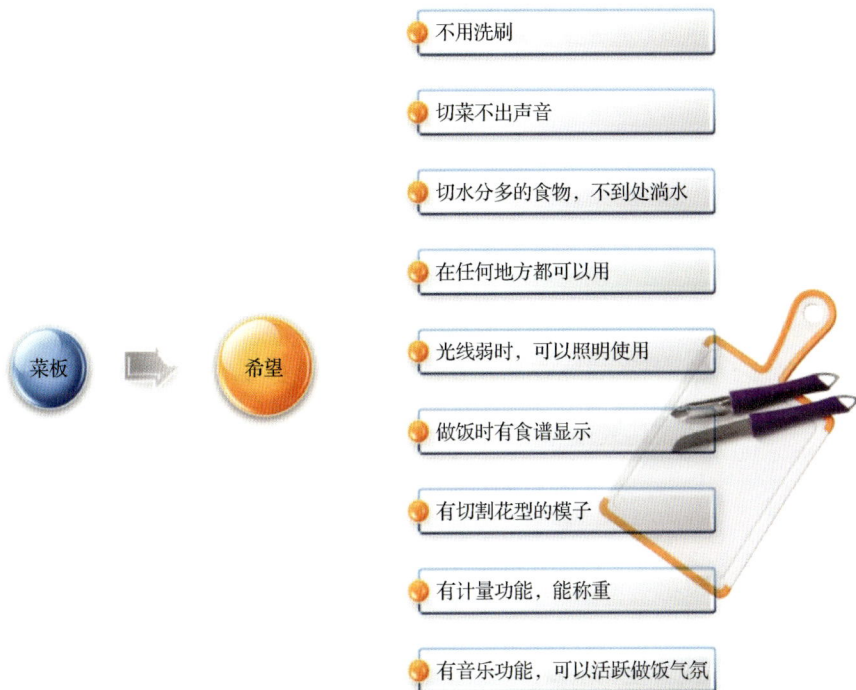

图 2-10　菜板希望点列举

对于行李箱，也可以对其列举出一些希望点，如图 2-11 所示。

行李箱 ➡ 希望

- 可以自己轻松爬楼梯
- 在休息时，具有坐具功能
- 可以听音乐
- 可以折叠起来收纳
- 跟着主人走，不离不弃
- 可以通过GPS定位并报警
- 外表不沾脏物
- 根据使用随意组合，调整大小
- 自动清除箱内异味

图 2-11　行李箱希望点列举

搜集希望点的方法很多，经常应用的有以下三种。

（1）书面搜集法。

这种方法是先拟定目标，再设计一张卡片，发给用户，请他们提供各种不同的希望点，然后收集整理。

（2）会议法。

召开小型会议，由主持人宣布产品开发课题，激发与会者开动脑筋，针对课题提出各种不同的希望，然后加以整理。

（3）访问法。

走访用户，询问用户对企业生产的产品有何新的功能要求。

通过以上方法，收集关于各种希望点的资料，制定实施方案，然后加以研究；或者结合使用各种集体激发创造力的方法来讨论；或利用现代网络平台，请众人献策，提出改良建议。这一方法的特点，是由人的幻想导出愿望，由愿望引出构思，由构思勾画出方案，最后使可行的希望点成为具体事实。

2.2.4 联想、类比创造法

1. 直角坐标联想法

这种方法是将两组不同的事物分别写在一个直角坐标的 x 轴和 y 轴上，然后通过联想将其组合在一起。如果它是有意义并为人们接受的，就会成为一件新产品。

例如，手机具有娱乐性能，则成为游戏手机；具有拍照性能，则成为拍照手机。这些组合均已实现，在图上用符号"▲"表示。

如果将眼镜与追踪设备组合在一起，以先进的传感器作为追踪装置，就会成为具有追踪功能的智能眼镜，而实现这一组合是有一定难度的，用符号"★"表示。

再如，将闹钟与温度组合在一起，成为播报气温的闹钟，实现这个产品的难度不大，用符号"●"表示。又如，相机和沙发组合没有什么意义，则用符号"×"表示。

如此一来，这样的联想与组合，就可以把许多前人已经实现和没有实现的，以及不必去做的事情统统展示在人们眼前。在经过筛选和可行性研究后，人们会有所创造和发明。

以上是随意列举的一些事物组合。此外，还可以有意识地针对某一问题将事物进行分类，并排列组合。同时，还可以把某一事物的一些特性作为 x 轴，把它们的一些用途、名称等作为 y 轴，加以排列组合。这样就能给人启发，促进新产品的开发，如图 2–12 所示。

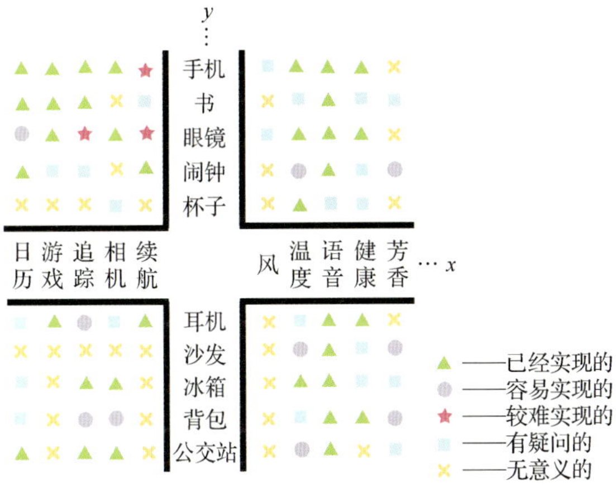

图 2-12　直角坐标联想法

2．强制联想法

强制联想法是一种将设计目的和提示强制联系起来，并加以开发、设计、构想的方法。前面讲过的属性列举法也可以作为强制联想法使用。除此以外，常用的方法还有焦点法、目录法等。下面介绍一下焦点法的使用。

焦点法是美国人惠廷发明的"通过自由联想使设想飞跃"的一种方法。该方法是在强制联想法和自由联想法的基础上产生的。其特点是以特定的设计问题为焦点，无限联想，并强制把选出的要素结合，以促使新设想迸发。焦点法有以下程序。

（1）决定可以成为焦点的设计主题，就是产出。

（2）任意寻找一个好像可以作为投入的线索。

（3）通过联想，使设计主题与产出发生联系，进行设想。

（4）若与预期设计目的差距甚远，可以进一步进行自由联想，然后再使之与投入发生联系。

（5）以简明的表格归纳出结果。

如图 2–13 所示，我们以"考虑镜子新功能的设计"为例。

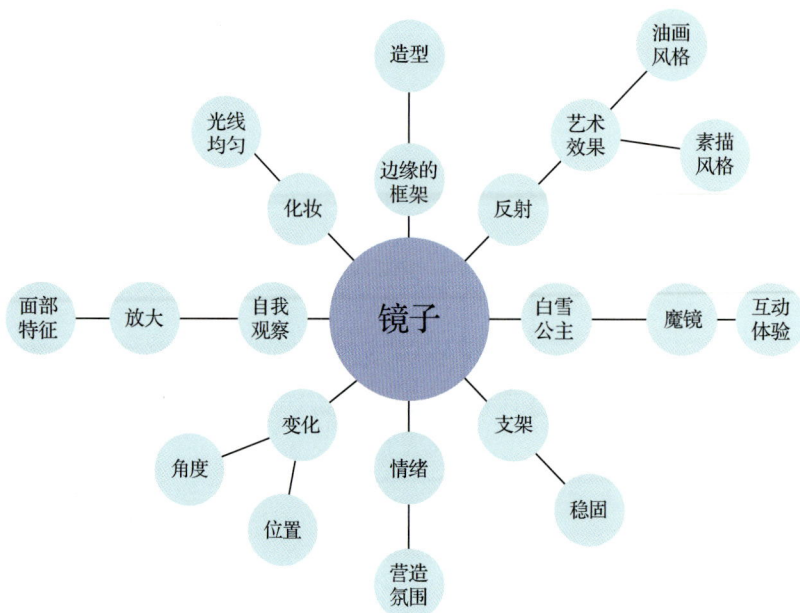

图 2-13　强制联想法案例

环视房间，从偶然注意到的房间的镜子开始考虑，记录由镜子联想到的各种设想：边缘的框架、反射、白雪公主、支架、自我观察、变化、化妆、情绪。将联想到的事物与镜子本身（产出）结合在一起进行考虑。

针对"边缘的框架"，可以从造型方面入手，考虑设计出像艺术品一样的镜框，增添房间的美感。针对"反射"这个因素，可以考虑设计一种镜子，其反射效果能够呈现出不同的艺术效果，如油画或素描等风格。若这种镜子可以实现，则可以利用它迅速转换个人形象，并增加趣味性。针对"白雪公主"这个因素，可以设想像童话故事中的魔镜那样，把智能互动元素增加在镜子上，为使用者提供互动体验。针对"支架"这个因素，可以考虑设计稳定性强且美观的支架，以便在化妆或自我观察时保持镜子的稳固。针对"自我观察"这个因素，可以考虑设计带有放大功能的镜子，以便在细节上显示使用者的面部特征。针对"变化"这个因素，可以考虑使镜子的角度和位置调节自如，并可以保持多变的观察视角。针对"化妆"这个因素，可以考虑设计带有 LED 灯带的镜子，为化妆提供均匀的光线。针对"情绪"这个因素，可以考虑设计能够根据使用者情绪变化而调整环境光颜色的镜子，以营造不同的氛围。

3. 类比法

类比法也叫比较类推法，是指由一类事物具有的某种属性，可以推测出与其类似的事物也应具有这种属性的推理方法，借此开拓眼界和思路，由此及彼，进行联想，从联想中导出创新方案。它不同于从特殊到一般的归纳法，也不同于从一般到特殊的演绎法，而是把两种不同的事物进行对比，把形象思维和抽象思维融为一体进行分析。

在科学史上，通过运用类比法获得成就的例子很多。例如，美国莫尔斯发明了电报，贝尔受到启发，认为既然文字可以用导线来传递，那么声音也应该可以用导线来传递。贝尔在类比思想指导下，最终成功发明了电话机。

在运用类比法时，可以将某种设想与收集到的事物、自然界存在的动植物的机理等进行类比，来探索其在技术上是否有实现的可能性。例如，听诊器的发明是典型的直接类比思维的产物。医生雷奈克很想发明一种能够诊断胸腔健康状况的听诊设备。有一天，他到公园散步，看到两个小孩在玩跷跷板。一个小孩蹲在一头，用一枚铁钉在跷跷板上轻轻地划，另一个小孩在另一头贴耳听，虽然划者用力轻，听者却听得极为清晰。雷奈克把要创造的听诊器与这一现象类比，听诊器就这样诞生了。工程师布鲁内尔为解决水下施工问题大伤脑筋，他在无意中发现一只小虫使劲向坚硬的树皮里钻，那只小虫是在其硬壳保护下工作的。此情此景，使他恍然大悟。于是，通过类比，他想出了将空心钢柱打入河底，以其为"盾构"，一边挖掘一边延伸，在盾构保护下施工，这就是著名的盾构施工法。同时，盾构施工法也成为现代建造地下交通设施的重要施工方法。

以色列设计师通过将衣夹与花盆进行类比，设计出了可以插在围栏上的底部有深凹槽的花盆，让鲜花可以在围栏上充分享受阳光，如图 2-14 所示。

图 2-14　围栏上的花盆

4.仿生法

在自然界中，生物经过漫长的进化，各有其复杂的结构和奇妙的功能系统。自古至今，自然界一直都是人类各种发明创造的思想来源。亚里士多德说过："一切创造都源于对自然的模仿。"仿生自然成为培养创造力的土壤。仿生思想和方式日渐渗透到人类生活的方方面面，仿生行为帮助人类实现了一个又一个飞跃。仿生学是研究生物系统的结构、特质、功能、能量转换、信息控制等各种优异的特征，并把它们应用到技术系统中，改善已有的技术工程设备，并创造出新工艺、新结构等的综合性学科。它为设计提供新原理、新方法和新途径。仿生设计学是仿生学与艺术设计相结合的边缘性交叉学科，其综合性较强，如图 2-15 所示。

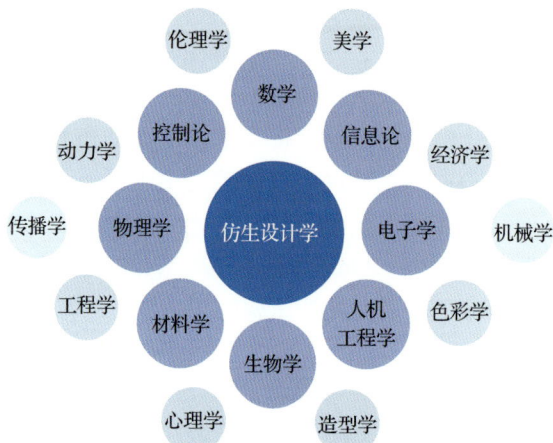

图 2-15　仿生设计学具有综合性

从设计角度，我们可以将仿生归纳分为四大类——原理仿生、结构仿生、信息仿生、外形仿生。

（1）原理仿生。

原理仿生是模仿生物的生理原理而创造新事物的方法。例如：蝙蝠能够在黑暗狭窄的山洞里自由飞行，避免碰撞，是因为蝙蝠自身就是一种天然的"雷达"。蝙蝠飞行时发出一种频率极高的声波，这种声波碰到障碍物会反射回来，它的耳膜就能分辨障碍物的方位和距离。每只蝙蝠有固有的频率，可以彼此分清各自的声音，不会相互干扰。于是，人们根据这一原理发明了超声波探测仪、超声波扫描仪和鱼群超声波探测仪等超声波设备。

（2）结构仿生。

结构仿生是仿生设计的一个重要分支，主要是通过研究自然生物的结构特点，进而对人造物的结构、系统进行仿生模拟，创造新事物的方法。为了最大限度地体现合理性原则，仿生学者研究和探索自然万物的组织结构，将自然生物经过亿万年的进化和演变所拥有的神奇、实用、合理且独特的结构原理应用到产品上。我国古代建筑大师鲁班，被茅草割破了手，于是仿造叶子的齿状边缘，发明了木工用的锯子。瑞士的乔尔吉·朵麦斯特拉尔在狩猎时看到裤管上粘满苍耳子，用放大镜观察，发现苍耳子上布满带倒钩的小刺。他设想将这种"钩子"结构人造化，就能创造出一种新的黏附方式。经过多年研究和开发，他最终在1955年获得了魔术贴的专利。这种新型的黏附带由两部分组成：一面是带有细小钩子的尼龙面料，另一面是带有环状纤维的面料，将两者按压在一起，它们就会牢牢黏附在一起，如图2-16所示。这种创新迅速普及，被广泛应用于各个领域，如服装、鞋靴、医疗器械、航天等。

图 2-16　苍耳子和魔术贴

结构仿生的例子还有很多，例如，苍蝇等动物的复眼结构在相机技术中的应用，蜂房结构在各类材料结构中的应用，还有在建筑工程上仿照蛋壳的拱形结构与其表面的弹性膜共同构成的预应力薄壳结构等。图2-17为薄壳结构代表作——纽约肯尼迪机场第五航站楼。

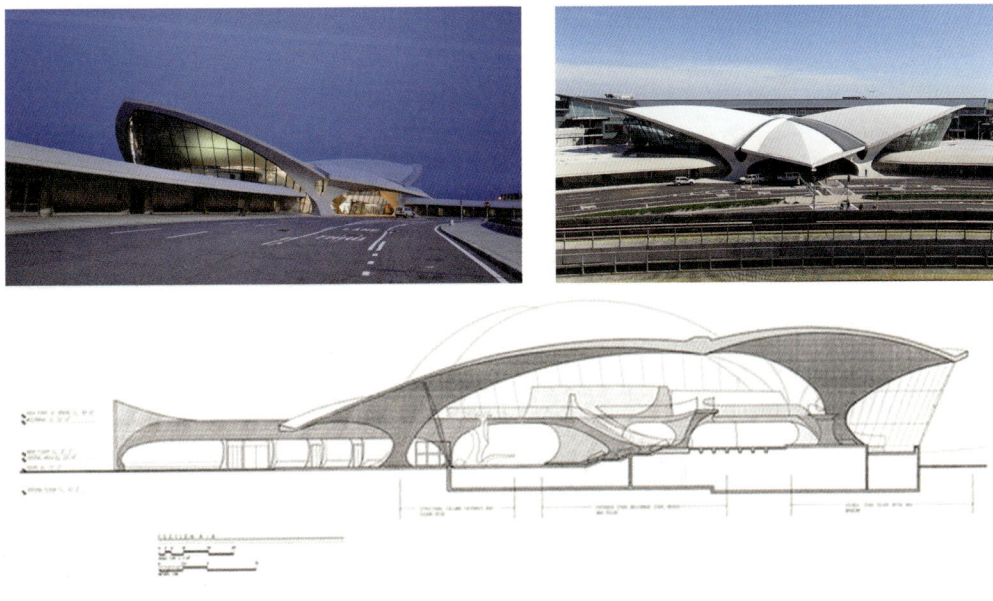

图 2-17　薄壳结构代表作——纽约肯尼迪机场第五航站楼

（3）信息仿生。

信息仿生是通过研究生物的感觉、语言、智能等信息及存储、提取、传输等方面的机理，构思出新的信息系统的仿生方法。例如，在蓝色的海洋上，由空气和波浪摩擦产生的次声波（频率为每秒 8 ~ 13 次）是风暴来临的前奏。这种次声波人耳无法听到，小小的水母却很敏感。那是因为水母的耳朵共振腔里长着一个细柄，柄上有一个小球，球内有块小小的听石，如图 2-18 所示。当风暴前的次声波冲击水母耳中的听石时，听石就刺激球壁上的神经感受器，于是水母就听到了正在来临的风暴的隆隆声。仿生学家仿照水母耳朵的结构和功能，设计了水母耳风暴预测仪，可以相当精确地模拟水母感受次声波的器官。把这种仪器安装在舰船的前甲板上，当接收到风暴的次声波时，360 度旋转的喇叭便自行停止旋转，它所指的方向就是风暴前进的方向。船员从指示器上的读数即可得知风暴的强度。这种预测仪能提前 15 小时对风暴做出预报，对航海和渔业的安全都有重要意义。

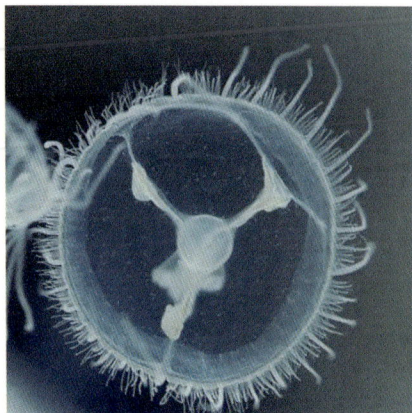

图 2-18　水母耳内的听石

（4）外形仿生。

外形仿生是模仿生物的外部形态（造型、色彩等）特征的创造方法，即关联性衍生形体。因为生物的外部形态特征是最容易被察觉的，所以这类仿生是很容易被人想到的一种仿生方法。我们分析外形仿生案例就会发现，形体不是被创造出来的，而是被发掘出来的，尤其是从自然界中挖掘的。例如，PH 洋蓟吊灯，如图 2-19 所示。由爱德华多·加西亚·坎波斯设计的 Majestic Monarch 椅，灵感来自大自然，尤其是墨西哥的 "Monarca" 蝴蝶。这把椅子是用铝制成的，在自重轻的前提下保证了结构的稳定性，而且是一体铸造而成的，没有任何焊接痕迹，如图 2-20 所示。

图 2-19　PH 洋蓟吊灯的外形仿生

图 2-20   Majestic Monarch 椅

　　提到产品设计中的仿生，有一位设计师不得不提，他就是德国的设计大师路易吉·科拉尼。路易吉·科拉尼从自然界汲取设计灵感，觉得生物界向人们展示了外形与功能结合的典范。他用贴近自然的艺术塑造和仿生设计开启了一扇设计的大门，在源于自然形式的设计理念和哲学思想的指导下，以流线型的设计语言设计出各个领域的新作品，如图 2-21 所示。

图 2-21   路易吉·科拉尼作品

　　在使用外形仿生时，注意不要直接使用仿照的生物外形具象特征，应该结合目标产品的特点，有目的地将其形态进行不同程度的抽象处理，如图 2-22 ～ 图 2-24 所示。

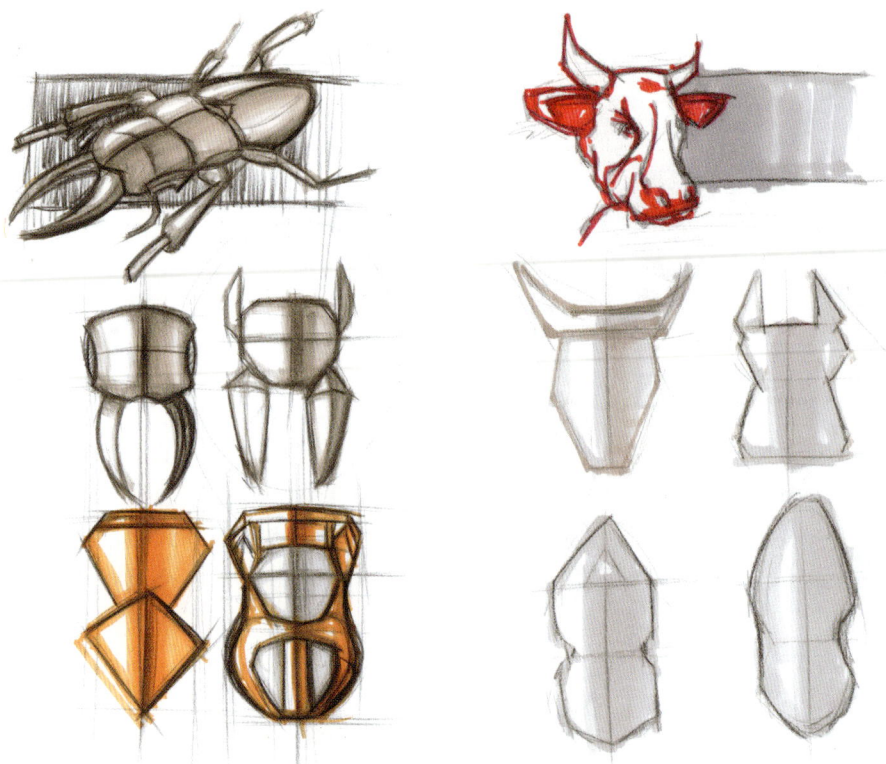

图 2-22　形态的抽象处理

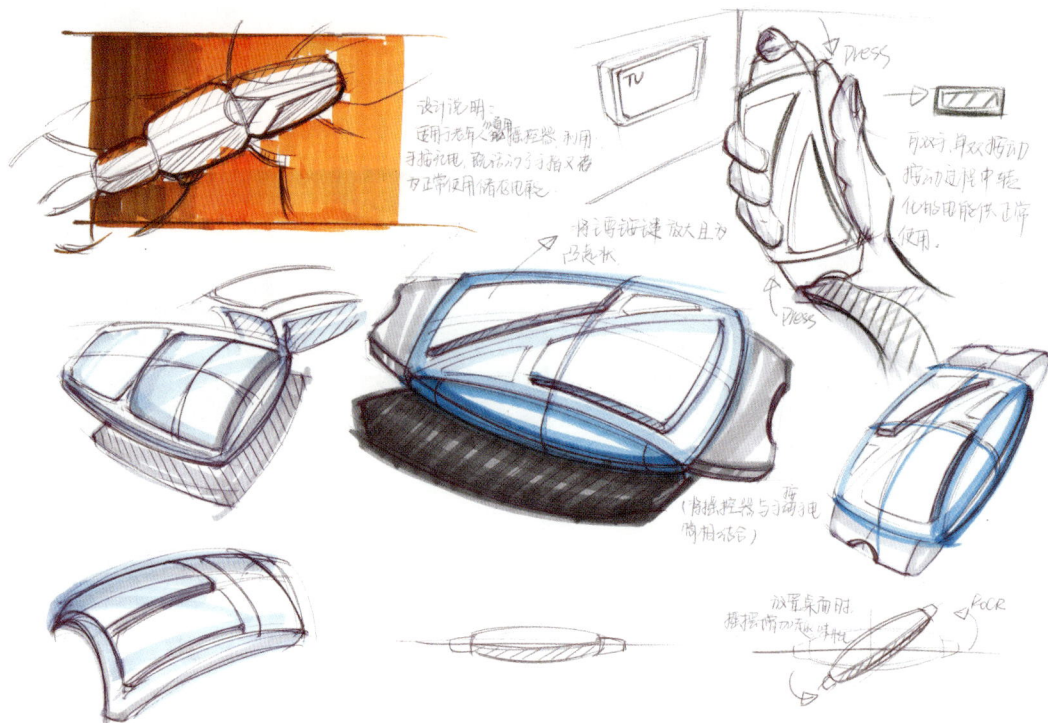

图 2-23　外形仿生在产品设计中的使用

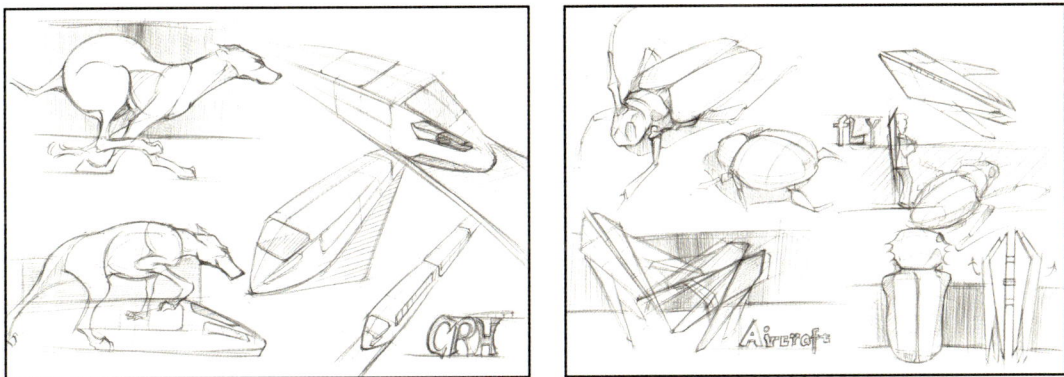

图 2-24 外形仿生产品设计

2.2.5 多维激发创造法

1. 逆向思维法

习惯性思维是创造活动的障碍，它往往束缚人们的思路。当用顺向思维碰壁时，我们需要突破这种习惯的约束，另辟蹊径。有时候，反常规的逆向思维可能会带来新的希望。虽然逆向思维不是解决问题的唯一途径，但只要在客观上存在可能，反其道而行之，就可能出现奇迹。下面介绍几种逆向思维方法。

（1）原理逆向。

1829 年，奥斯特发现电流磁效应的消息传遍欧洲，很多人都局限于对电磁学的研究，而法拉第却思考磁是否可以产生电。1831 年，法拉第把一块条形磁铁插入一个缠绕线圈两端连接电流计的空圆心桶里，这时电流计的指针向前移动。当磁铁被抽去时，电流计的指针又回到零的位置。根据这一发现，法拉第发明了发电机，这就是原理逆向思维的伟大创造。

（2）性能逆向。

性能逆向是指事物性能相对立的两面，如固体与液体、空心与实心、软与硬、冷与热、干燥与湿润，以及块状与粉状等。使用性能逆向时，从与原性能相反的方向进行思考。例如，将弹簧沙发改为液体沙发或空气沙发，将实心砖转化为空心砖。再如，整块肥皂在使用过程中会遇到一些不便，肥皂被水浸泡变软，容易造成浪费，以及在使用过程中不易抓握，如图 2-25 所示，肥皂粉碎机利用块状与粉状的逆向，来改变这些问题。将整块肥皂放进肥皂托，通过把手来触发内置的擦丝器，便会将肥皂变成细小的颗粒，肥皂颗粒落在手掌，可以用来洗手。这样就避免了肥皂易从手中滑落，以及肥皂长期沾水变软等问题。同时，设计师也提供了浴室专用版本，通过双手旋转，肥皂颗粒即可落入手中。

图 2-25　肥皂粉碎机

（3）方向逆向。

方向逆向是指将事物的构成顺序、排列位置、旋转方向和输入方向等颠倒，即调整方向进行思考的一种方法。图 2-26 为日本设计师梶本博司的创意设计——"倒伞"UnBRELLA。设计师将伞的支撑结构放在外侧的目的是留出更多的头部空间，从而消除头发缠结的可能性。雨伞打开时雨水向外溅，收拢时将湿的一面收起，避免弄湿自己和周围的人。它还可以依靠伞骨竖立，方便外出携带。

图 2-26　"倒伞"UnBRELLA

（4）主次逆向。

一种多功能产品或组合产品有主次之分，如果主次对调，便为主次互逆，可能产生一种新产品。例如，可视电话是将电话功能作为主体，电视屏幕显示对方的图像是辅助性的。主次逆向后，可视电话成为可通话的电视，电视是主体，通话成为辅助功能。市场上有一种能够吹热风的电熨斗，主要用来熨衣，也可以使湿衣干燥。不久，市场上出现一种兼用来熨衣的吹风机，主要用来吹干头发，但也可以熨较薄的衣服。

除上述经常用到的几种逆向方法以外，还有彩色逆向、形态逆向、综合逆向、单一逆向等方法，都能够使人们有所创造和发明。当思路进入死胡同时，进行逆向思考，反其道而行之，可能获得意外的成就。在应用逆向思维法的过程中，应该注意，并不是所有事物都可以逆向，逆向思维并不是随心所欲逆向，而是有条件的。逆向是以正向为前提的，必须以正向存在为前提条件。

2. 奥斯本检核表法

奥斯本检核表法是以该方法的发明者奥斯本命名的。此方法引导主体在创造过程中对九个方面的问题进行思考，启迪思路，开拓思维想象空间，促使人们产生新设想、新方案，如表 2-1 所示。检核表法的设计特点之一是多向思维，用多条提示引导人们去发散思考。奥斯本创造的检核表法中的九个问题，就好像有九个人从九个角度帮你思考，你可以把九个思考点都试一试，也可以从中挑选一两条集中精力思考。奥斯本检核表法使人们突破了不愿提问或不善提问的心理障碍，在进行逐项检核时，强迫人们扩展思维，突破旧的思维框架，有利于提高发现创新点的成功率。

表 2-1 奥斯本检核表法

序　号	检核项目	含　义
1	能否他用	现有事物有无其他用途；保持不变能否扩大用途；稍加改变有无其他用途
2	能否借用	现有事物能否引入其他的创造性设想；能否模仿别的东西；能否从其他领域、产品、方案中引入新的元素、材料、造型、原理、工艺、思路
3	能否改变	现有事物能否做些改变，如颜色、声音、味道、式样、花色、种类、意义、制造方法等。改变后效果如何
4	能否扩大	现有事物可否扩大适用范围；能否增加使用功能；能否添加零部件；能否延长它的使用寿命；能否增加长度、厚度、强度、频率、速度、数量、价值
5	能否缩小	现有事物能否体积变小、长度变短、重量变轻、厚度变薄，以及拆分或省略某些部分(简单化)；能否浓缩化、省力化、方便化、短路化
6	能否替代	现有事物能否用其他材料、元件、结构、方法、符号、声音等代替
7	能否调整	现有事物能否变换排列顺序、位置、时间、速度、计划、型号；内部元件可否交换
8	能否颠倒	现有事物能否从里外、上下、左右、前后、横竖、主次、正负、因果等相反的角度颠倒过来用
9	能否组合	现有事物能否进行原理组合、材料组合、部件组合、形状组合、功能组合、目的组合

例如，一只普通的碗，通过奥斯本检核表法分析的最后结果，将"能否扩大"中的一碗多用加以延伸设计（见表2-2），设计出具有巧妙结构，用来盛装水果的一分为二的碗，如图2-27所示。

表2-2　针对碗展开的奥斯本检核表法

序　号	检核项目	引出的发明
1	能否他用	其他用途:灯罩、鱼缸
2	能否借用	增加功能:快速加热功能、快速冷却功能、超声波振动除菌
3	能否改变	改一改:碗口形状、碗底形状、材质等
4	能否扩大	扩大使用方式，一碗多用
5	能否缩小	缩小体积
6	能否替代	材料可否用纸代替
7	能否调整	改变式样
8	能否颠倒	反过来想:透明碗壁为中空，注入水，形成水盛碗的假象
9	能否组合	与其他组合:带音乐的碗、带风干机的碗等

图2-27　一分为二的碗

3. 5W2H 法

5W2H 法是发明者用五个以"W"开头的英语单词和两个以"H"开头的英语单词进行设问，发现解决问题的线索，寻找发明思路，进行设计构思，从而寻找到新的创新项目的一种方法。发明者在设计新产品时，常常提出"为什么"（Why）、"做什么"（What）、"何人／谁"（Who）、"何时"（When）、"何地"（Where）、"如何"（How）、"多少"（How much），这就构成了5W2H 法的总框架。5W2H 法可以用来检查原产品的合理性，如图2-28所示。

通过使用5W2H 法可以找出产品主要的优点和缺点。如果现行的做法或产品经过七个问题的审核已经无懈可击，便可以认为这一做法或产品可取。如果七个问题中有一个答复不能令人满意，就表示这方面有改进的余地。如果某方面的答复有独创性的优点，就可以扩大产品在这方面的效用。

图 2-28 5W2H 法合理性检查示意图

2.2.6 综合类激发创造法

1. 综合法

综合法使用起来可深可浅，一般有两种综合形式：一种是将各种信息，如数据、观点和图表等加以归纳和整理，属于初级综合；另一种是集各方面的因素于一体而发生质的飞跃，属于高级综合。例如，日本钢铁工业发展较快，是由于它综合吸取了奥地利的转炉顶吹、美国的高温高压、德国的熔钢脱氧等先进技术。在改良一个产品时，可以先调查收集同类产品的参数、结构和性能，然后取各家之长，结合自己的条件创造出新的方案。

2. 组合法

所谓组合法，就是把两种以上的产品、功能、方法或原理糅合在一起，使之成为一种新产品的创造方法。组合的方法很多，基本上可以分为三类，即按产品种类分类、按功能分类、按组合数目分类，如图 2-29 所示。

图 2-29 组合方法示意图

我们以按产品种类分类为例，进行说明。

（1）同类物品组合。

这种组合是将两个以上的相同事物或近似事物合并在一起而成为一个组合产品，使之具有对称与和谐之美。例如，双头油笔、双排订书机、双层文具盒等。由此看来，这种组合是很简单的，产品的结构和原理并没有发生实质性的变化。

（2）异类物品组合。

这种组合是将两个以上不同的事物合并在一起，成为多功能产品。例如，蓝牙鼠标、多功能洗衣机、多功能电话等。这种组合较为复杂、创造性强，当产品功能相互渗透时，也被称为功能渗透性组合。

（3）主体附加组合。

这种组合是以某个产品为主体，将其他事物的原理和功能附加上去，以弥补主体的不足，进一步完善主体。例如，能够 360 度旋转的摇头电扇、多用扳手等产品。这些产品很多是功能延伸的组合。

3.控制条件法

任何一个产品的功能，都要具备一定的条件才能实现。反过来说，如果改变控制条件，就会改变产品的功能，这就是控制条件法。例如，1938 年，匈牙利人拉季斯洛·比罗和乔治·比罗兄弟申请了圆珠笔专利。圆珠笔的缺点是，当笔头的圆珠磨损时，油墨就会漏出来，这个问题一度难以解决。后来，人们想到控制油墨量，当油墨量与圆珠磨损的时间两者平衡时，问题就解决了。

4.移植法

所谓移植法，是指把现有产品的技术应用到其他产品中去，或由一个东西引申出其他东西等。所谓"他山之石，可以攻玉"，运用移植法，可以促进事物间的渗透、交叉、综合。例如，战后的高速快艇是把喷气式飞机的发动机移植到快艇上的结果，新一代电子密码公文箱是将集成电路控制的防盗、防抢报警器移植到手提式航空公文箱上的结果。移植法的原理是在各种技术和理论之间互相转移，一般是把已成熟的成果转移、应用到新的领域，用来解决新的问题。因此，它是现有成果在新情境下的延伸、拓展和再创造。

2.3 产品创新设计思维模式及方法应用

在产品创新设计中，人的思维模式基本遵循发现问题、分析问题、解决问题三个过程来完成设计。设计具有很强的针对性，其涉及的层面也会随着设计课题的不同而呈现出不同的复杂因素，以至于很难仅靠直觉来处理，需要设计师有针对性地去分析。正确的思维模式配合正确的步骤可以指导设计师分析和发现问题。

用"好的"方法解决"对的"问题是设计的最高境界。在学习各类创新方法后，有人会发现在真正操作过程中不知道如何使用各类方法，或者每次使用都感觉生硬。其实，产品创新设计方法在使用的过程中不需要刻意分类。在使用产品创新设计方法的过程中，需要配合问题所处阶段的思维模式来使用，在使用过程中遵循三个原则——概念明晰，使用模糊；厚积薄发；方法渗透。

2.3.1 发现问题

日常生活当中存在很多潜在需求，只是人们往往忽视或并没有意识到。我们需要学会观察、留意人们的各种生活方式，捕捉日常生活中的细节，发现其中潜藏的设计需求，然后积极思考，找到解决问题的关键所在。在发现问题的过程中，注意挖掘每个问题或现象的三个层次，即表象、中间层次和根源，如图2-30所示。分析问题时，应该关注或寻找其根源——Why（为什么会出现这样的问题和现象），发现核心需求，并使用特定场景，辅助发现核心问题。

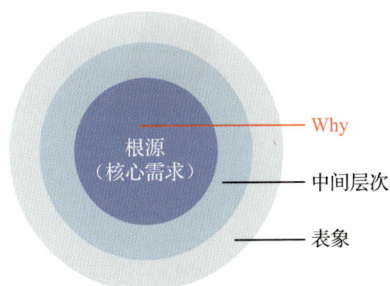

图 2-30　问题或现象的三个层次

1. 发现核心需求

亨利·福特有一句名言："如果我问消费者想要什么，他们应该会说要一匹更快的马。"亨利·福特洞察到"更快的马"背后隐含的核心需求是消费者对舒适度和速度的追求。亨利·福特寻找到一个与众不同的解决方法，生产一种能给消费者带来更快速度的产品——汽车。

当面对各类现象时，我们需要透过现象看本质，即寻找到核心需求。一个需求会有由表层至深层的多种定义方式，越接近表层的需求，越容易被人发现，设计思维所能给予的创新就越少；越接近深层的需求，越模糊，设计师进行创新的空间就越大，产品定义的可能性就越丰富。

消费者很难为表层需求的满足买单，只有真正解决问题的产品才能赢得市场。例如，分析消费者对声音的需求。提到"声音"，人的常规思维会想到"音乐播放器"或"扬声器"。实际上，消费者对声音的深层需求可能涉及心理、情感和社会等多个层面。从心理需求角度出发，声音对人类的情绪调节和心理健康至关重要。在情绪疗愈方面，声音扮演着重要的角色，可以直接影响人的情绪状态和心境。从情感需求角度来说，声音对人类的情感体验有重要的影响。一段熟悉的旋律能够唤起一个人美好的回忆，而温馨的话语能够传递情感和温暖。从社会需求角度出发，声音也是社会交往和信息传递的重要媒介。在人和人的交流中，声音的质感、音调和节奏都能够传递额外的情感和信息。通过一系列深层分析，我们会发现，此时对于"声音"的需求，不再是简单界定在扬声器或音乐播放器这样一个具体的产品形态上。

如果把消费者对声音的需求定义在社会需求的信息传递上，消费者需要的就不只是播放设备，而是一个能够有效沟通和传递信息的声学系统，其产品形态则更加宽泛和模糊，设计师能够拥有更大的创新空间，如图 2-31 所示的可穿戴扬声器。

图 2-31　可穿戴扬声器

设计思维往往是趋利避害的。当一个问题过于困难，超出设计师的能力范围时，设计思维的解决方式往往是换一个问题。从创造性的角度而言，尽可能发现核心需求，将会为后面的方案设计带来更大的可能性。

2. 限定场景

当考虑产品机会时，在纷杂的各类场景中，限定场景可以是一个非常有效的启发来源。限定场景一般是指限定一个特定的环境、情境或场合，通常具有一定的局限性或特殊性，能够为观察者提供特定的信息或启发。这些场景可以是真实的现实场景，也可以是虚构的情境，用于研究、分析或创意发散。根据用户特征寻找特定场景，并在限定场景中观察和分析用户的行为、需求、痛点及市场趋势，更容易挖掘到用户的核心需求，可以为产品开发和创新提供有力的启示。

例如，设计目标是一款闹钟。对闹钟的设计可以利用属性列举法、缺点列举法、希望点列举法分析其各类属性、优缺点和期待点等，通过设计与技术、材料等的结合来完善。但是，闹钟这类产品的竞争产品很多，想提高创新度不是很容易的。通过观察和分析特定场景，深入了解用户痛点，以及现有产品或服务的不足之处，可以提供更好的产品或服务。Routine 是为听力受损人士设计的闹钟和无线充电器，它是从听障人士的角度出发，打破闹钟常规的声音提醒方式，通过柔和的灯光提醒用户开启一个愉快的早晨。闹钟的圆形面在接近设置的闹钟时间时逐渐亮起，直至达到全亮。如果用户仍然没有醒来或对警报做出反应，它将以更强的强度闪烁。关闭闹钟的提醒，只需拉下球形开关。Routine 的外观充满视觉吸引力和美感，兼具无线充电功能，是一个非常亮眼的桌面摆件，如图 2-32 所示。

图 2-32　Routine

2.3.2　分析问题

发现问题根源后，就要分析问题，以便有针对性地解决问题，这一环节涉及创新的诞生。分析问题的过程一般是挖掘创意的过程。在分析产品出现的问题的过程中，我们可以从设计对象、产品使用环境、现有产品分析，以及用户行为、习惯等方面入手。

1. 明确对象，类比迁移

不同的产品，设计的侧重点有所不同，在设计过程中采取的手段也有所不同。因此，明确设计对象是所有后续步骤的必要前提。

在日常生活中，我们每天都能遇见不计其数的事物，而后慢慢淡忘。事实上，我们在无意中了解了很多东西。我们会在无意识中记住自己见过的形态。在构思时，活用已知信息，将记忆中相似的部分通过形体、使用过程、特征等再次进行展示，就会出现意想不到的效果。

（1）形态类比。

在设计对象明确后，设计师分析发现产品设计目标可以通过外观的改变来实现，可以选择使用仿生法、类比法等对产品外观进行再设计，实现创新。对孩子们来说，生病也许是童年最痛苦的回忆。Pengoo 是一系列与哮喘有关的儿童护理产品，如图 2-33 所示。该系列产品包括三个呼吸训练和测试产品、一个吹嘴和一个随附的应用程序。Pengoo 将普通的呼吸练习变成对孩子们有吸引力的活动。在应用程序中，让一只企鹅踏上了寻找治疗哮喘药物的旅程。孩子们可以通过吹气球、吹泡泡等熟悉的吹气动作与角色互动，完成日常任务。孩子们在程序中协助企鹅获取药物，同时自然而然地运用腹部肌肉，从而可以训练和测试他们的呼吸。从某种程度上来说，它能使孩子们在发烧的时候心情好一点，也能让父母面对调皮的孩子时轻松一些。

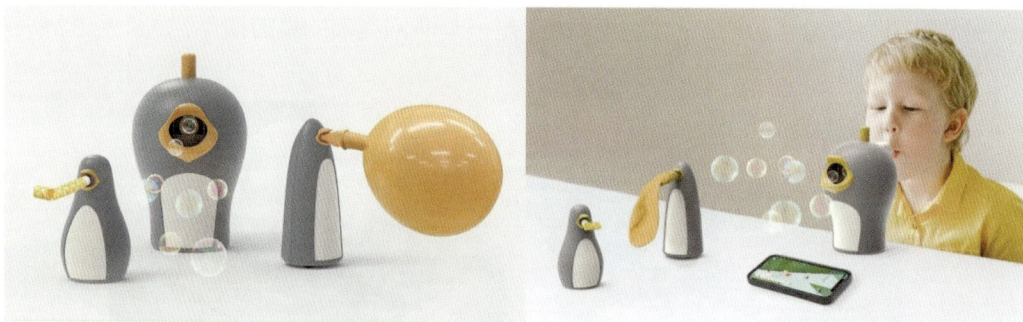

图 2-33　Pengoo 儿童哮喘护理产品

维也纳设计团体 BreadedEscalope 设计了一款影子时钟，如图 2-34 所示。该时钟由一个凸起的胶合板环组成，下方带有发光二极管，可照射到时钟中心。这个时钟乍看只是墙上的一些环境光，直到你与它进行互动。每个发光二极管都会投射出伸出的手的影子，类似日晷，沿着时钟指针在任何给定时间通常指向的方向。用户通过手指与时钟进行简单、直观、有趣的互动，使时钟显示时间，这种时钟作为室内的氛围灯十分和谐。这种意想不到的设计会给人们带来惊喜，并在情感上受到触动。

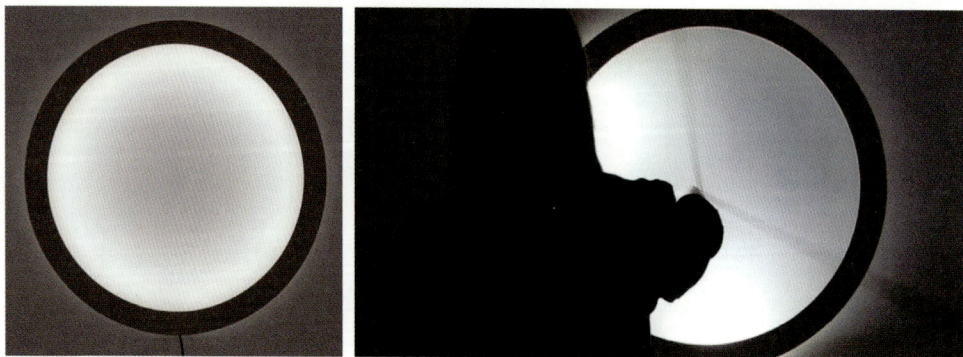

图 2-34　影子时钟

通过上述两个案例可以看出，能够实现外观类比和替换的外形要素至少需要具备独立性、可识别性、易造性等特征。独立性是指这个形态本身的效果无须与其他形态、背景关联识别。可识别性是指该形态具有一定的通用性，可以被大多数人认可并识别，不易与其他形态产生混淆。易造性是指该形态适合的场景较多，能够很好地实现场景融合表达。

（2）功能类比。

功能类比的目的是通过功能替换，来提高产品的可用性和易用性。Alessi 9033 烧水壶是一款具有提醒功能的烧水壶，通过声音关联，将小鸟和壶嘴提醒结构进行类比，将现有壶嘴上靠蒸汽发出声响的部分替换为一只具有趣味提醒功能的"小鸟"。此功能提升了产品的趣味性，同时对使用者更加友好，如图 2-35 所示。

图 2-35　Alessi 9033 烧水壶

2. 环境分析，巧用场景

设计师应该通过对产品使用环境的分析，抓住不同使用人群的社会、文化或使用场合的特点，提出有针对性的设计理念。在进行用户调研时，设计师有时会绘制用户旅程图，其目的是分析用户在某些生活使用场景中遇到的和可能出现的问题，力求通过产品帮助用户解决某个场景中的问题，以创造价值。通过产品使用环境分析，设计师可以将产品在不同场景的不同功能进行重组或拆解，形成新的产品创意。

在使用产品时，人们对某些行为太熟悉，已经将其内化成一种无意识行为。例如，看到窗外下雨，人们会很自然地出门带伞。如果想在熟悉的环境中寻找设计切入点，设计师就需要将使用环境分成若干场景，尝试将每个场景中发生的不同行为进行组合，通过将行为组合延展为产品多个功能的组合，从而形成一些新的产品创意。

例如，我们可以分析多种产品，寻找它们可以共用场景的功能。我们对门厅场景进行分析，可以发现进家门收钥匙，随后开灯，这几个动作可以通过门厅开灯这个场景巧妙结合。例如，深泽直人的灯具设计，将钥匙收纳、照明两个功能进行组合，如图 2-36 所示。在结束一天的工作，拖着疲惫的身躯回家后，你会放下钥匙，然后顺手打开台灯，而这款台灯的设计便是巧妙地抓住了这些行为细节，把台灯底座设计成盘子的形状。你可以随意把钥匙丢进盘子里，这样台灯就会自动亮起来。这样通过场景共用，产生了一个新的产品创意。

图 2-36　深泽直人设计的灯具

　　深泽直人设计的带凹槽的伞柄很容易让人想到其设计用意。在多雨的季节，人们出行时习惯带一把伞，走累了，伞可以充当拐杖的角色。此时，如果人们手里拎着较多的东西，而伞柄的弯曲处有一个凹槽，伞柄就多了一个功能——挂塑料袋，如图 2-37 所示。这也是借助场景统一，将产品功能进行重组的产品创意。

图 2-37　深泽直人设计的伞柄

　　多场景是指在同一空间具有先后关系的不同场景。设计师绘制用户旅程图，将一个时间轴上的故事加以描述，完成的就是时间轴上的场景组合。我们在前面提到，用户在同一个场景中会有多个功能需求，设计师可以将一个场景下的多个功能进行组合，产生新的创意。同样，设计师可以将有时序性的场景进行组合，将各个场景的需求进行串联，使产品可以产生更高的价值和更好的用户体验。

　　例如，人们在厨房做饭，在做饭时间轴上会产生很多片段场景，如洗菜、切菜、炒菜等连续场景。设计师将这些场景串联起来，就可以根据用户需求设计一款切洗一体砧板，如图 2-38 所示。

图 2-38　切洗一体砧板

3.产品分析，保持差异

根据设计对象与使用环境，对符合条件的现有产品进行产品状况、技术可行性等信息分析是保证产品创新的市场价值的必要手段。设计师使用这种方法，需要注意两个方面：一方面，需要拥有很强的检索、分析能力，能够通过网络、文献、日常沟通等多种渠道得到各种问题的解决方法并加以分析梳理。另一方面，就是思考与积累。我们身边充斥着无数的产品，每件产品都有自己的问题和对应的解决方法，我们通过分析，可以建立起一个自己的产品知识库；在了解产品发展的过程中，抓住现有产品的优点和缺点，找出问题的关键点，从而形成新的设计概念。

文创产品是文化传播的重要途径，特别是博物馆类的文创产品。人们浏览博物馆，除了欣赏馆藏展品，收集、购买博物馆文创产品也成为在博物馆的活动环节。博物馆文创产品近年来颇为流行。随着国民文化自信的逐渐提升，具有历史文化底蕴、独具一格的设计，让博物馆文创产品走出了一条属于自己的新赛道。博物馆文创产品大多数围绕本馆文物形象进行延展设计，并以固定形式售卖。其品类相对固定，产品逐渐出现雷同性强、新鲜度弱等问题。然而，腾讯与敦煌研究院联合发起的"敦煌诗巾"却让人眼前一亮，如图 2-39 所示。"敦煌诗巾"打破实物不可修改的限制，通过与游客交互，由专门定制的 DIY 合成算法实现。用户根据每个图案元素的不同特性，可以对图案元素进行缩放、旋转和调整位置，以自己的想象和审美创作出无穷可能性。丝巾图案生成后，系统会根据图案的寓意生成三行诗，表达对新的一年的美好愿望。用户定制自己创作的独一无二的"敦煌诗巾"，让古老的丝绸之路延续到现代人的生活中。

4.提升用户使用愉悦感

设计师可以通过对用户行为和习惯的分析，了解用户在使用产品时的心理和生理状态，从而发现问题，寻找突破口，挖掘设计创意。在此阶段，设计师多用观察法、故事板法等方法进行用户痛点分析，用共情手段解决用户的深层需求问题。

图 2-39　敦煌诗巾

例如，因受生理特征的影响，老年人的心理会有一定的特殊性，从而影响其行为与习惯。通过对老年人的心理特征进行梳理，并结合其行为进行分析，设计师就会有不同的发现，如图 2-40 所示。

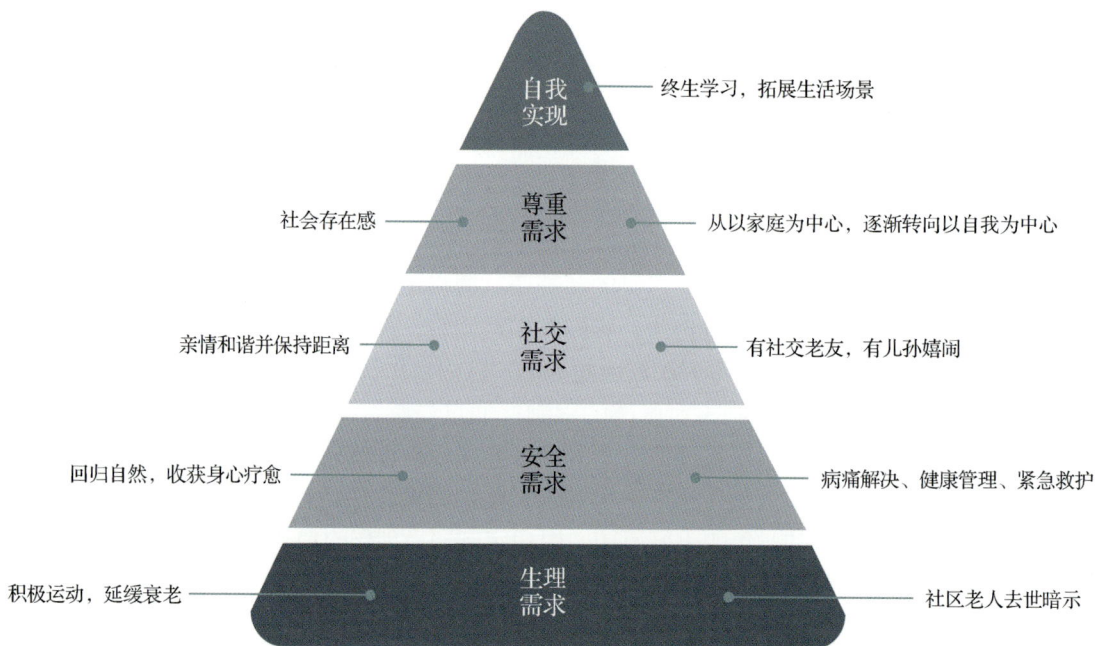

图 2-40　老年人心理分析

一款名为"外婆家的遥控器"的产品生动说明了老年人对产品需求的独特性，如图 2-41 所示。有些老年人的记忆力不好，儿孙教给的遥控器使用方法总是遗忘，在操作过程中经常出现错误，增加了挫败感。为解决这一问题，设计师用胶带将遥控器进行简单的处理，只保留基本的、主要的操作按键，老年人在使用过程中的出错率大大降低，使用和学习的积极性也随之增加，遥控器的使用过程也变得愉悦。

同样是遥控器，不倒翁遥控器是解决用户记忆负担问题的一款产品，如图2-42所示。遥控器非常容易"丢"，虽然大多情况下都能找到，但终归要经历一番周折，比较麻烦。设计师将遥控器与不倒翁结构结合，巧妙地改变遥控器的放置形式，解决了遥控器容易被其他物品遮盖的问题，使其更容易被用户发现。由此可以看出，提升使用愉悦感的关键因素是解决用户在使用产品过程中的痛点问题。

图 2-41　外婆家的遥控器

图 2-42　不倒翁遥控器

2.3.3　解决问题

解决问题也是一个问题排序的过程。在问题明确后，开始寻求解决问题的方法。这个解决过程可以利用各种创新思维方法，进行问题梳理，根据梳理出的问题的重要性和紧迫性，选择最需要解决的问题来进行深入研究。深入研究问题的过程就是思维方法的灵活运用过程。值得注意的是，万物不可能十全十美，虽然需要解决的问题往往很多，但一个方案解决 1 ~ 3 个问题即可，要有所侧重，不可面面俱到，避免分散精力。第 3 章将围绕问题的选择和解决方法展开讲述。

■ 本章小结

在本章中，我们深入探讨了产品创新设计的思维方法，这是一套旨在激发创意、推动创新并实现产品差异化的系统方法。通过学习和实践这些方法，我们可以更好地应对市场变化，满足用户需求，并在激烈的竞争中脱颖而出。产品创新设计的核心在于打破常规思维，敢于挑战传统观念。这些思维方法可以帮助我们从不同的角度审视问题，发现新的解决方案，并创造出独具特色的产品。通过案例分析、小组讨论和实际操作等方式，将这些思维方法用于具体的产品创新设计，可以帮助我们产生更多的创意。

在产品创新设计训练中，思路一定要清晰。在运用理论知识的同时，要加强对创新思维运用能力的培养，通过对现实事物特有的造型、结构、材料、使用情况等特征进行深入的分析和了解，由感性思维向理性思维过渡，进一步拓展和发现创意的契合点与通道。

设计师的灵感大多数来源于生活。设计师独一无二的生活经历造就了独一无二的设计。设计师在生活中发现问题，用生活化的方法使用创新技法，其作品将是独一无二的。

第 3 章

产品创新设计程序

产品创新设计的思维产生依赖创造性思维模式的建立和有效解决问题的步骤。在产品创新设计训练中，要提高对自然的模仿能力，对物象客观特征的分析能力，更重要的是通过对事物的观察去认识、体验、领悟，获得具有创造性的灵感，在产品创新设计训练过程中实现对创新思维模式的构建。

产品创新设计程序是以产品创新为目标的系统化的步骤或方法，用以引导团队或个人在产品开发过程中进行创新设计。整个程序通常包括前期产品计划与调研、创意生成、筛选与评估、测试和验证、设计优化等关键阶段。这个程序也是一个灵活的框架，可以根据具体的项目和组织需求进行调整和定制。

3.1 产品创新设计流程

产品创新设计流程提供了一个从开始到结束的总体路径。流程强调阶段的顺序和每个阶段的目标，它通常比较概括，不深入到具体的操作细节。设计程序则是指导具体操作的详细步骤。设计流程和设计程序是互补的，设计流程为设计程序提供框架，设计程序为设计流程提供具体操作细节。两者结合使用，可以确保产品创新设计既有全局观又有操作性，从而提高设计的有效性和创新性。

在项目初始阶段，一般先制定产品设计流程来规划项目的阶段时间，方便后期有效推进工作。产品创新设计流程一般包含 10 个阶段，如表 3-1 所示。课程教学一般将其归纳为 4 个阶段，如表 3-2 所示。

表 3-1 产品创新设计流程

序 号	阶 段	目 标	方 法	结 果
1	市场调研与需求分析	了解市场需求、竞争状况和用户痛点	问卷调查、访谈、观察、焦点小组讨论等	生成需求列表和用户画像
2	概念生成与创意发散	基于市场调研和需求分析，生成多个创新概念	头脑风暴、SCAMPER法、德尔菲法等	生成多个初步产品概念
3	概念筛选与评估	筛选出最具有潜力的产品概念	SWOT分析、市场潜力评估、技术可行性分析等	确定一个或几个重点开发概念
4	原型设计与开发	将选定的概念转化为可测试的原型	草图设计、3D建模、快速原型制作（如3D打印）	生成用于测试与验证的原型
5	测试与验证	验证原型的功能、用户体验和市场接受度等	用户测试、A/B测试、可用性测试等	收集用户反馈和测试数据，进行迭代改进
6	迭代改进	根据测试反馈，优化和改进产品设计	分析用户反馈，进行设计调整和功能增强	改进后的原型或最终产品设计
7	最终设计与详细开发	确定最终设计，并准备进入生产阶段	详细设计图纸、工程规范编写、生产工艺确定等	最终设计方案和生产准备
8	生产与上市准备	将设计转化为实际产品，并做好市场推广准备	试生产、质量控制、市场营销计划制订等	成品及营销推广方案
9	上市与市场反馈	产品上市，收集市场反馈，进行持续改进	市场监测、销售数据分析、客户反馈收集等	根据反馈进行产品改进或升级
10	持续改进与更新迭代	根据市场变化和用户反馈，持续优化产品	定期评估、产品迭代更新	不断提升的产品竞争力和用户满意度

表 3-2 产品创新设计流程（课程教学）

序 号	阶 段	工作计划
1	市场调研与需求分析	市场调查
		问卷调查
		用户需求分析
		设计分析定位
2	概念生成、筛选和评估	设计草案
		交流讨论
		方案确定、深化（技术实现）

序　号	阶　段	工作计划
3	设计深入	人机工学分析/使用分析
		细节尺寸确定
		建模
		工程图制作
		色彩方案
		效果图渲染
		设计修整
4	测试与验证	原型测试
		用户满意度

根据教学需要，本节重点介绍产品创新设计流程中课题及目标拟定，市场调研与需求分析，概念生成、筛选和评估，设计深入，测试与验证等方面的具体内容。

3.1.1　课题及目标拟定

在产品创新设计过程中，课题与目标环节直接影响整个设计过程的方向和成果。课题来源有很多，例如：

（1）通过市场调研和分析，了解用户需求和市场趋势，发现市场存在的问题和机遇，从而确定产品设计的方向和重点。

（2）用户反馈和建议是产品改进和创新的重要参考依据。通过收集用户的意见和建议，可以发现现有产品存在的问题和改进的空间，从而确定产品设计的课题。

（3）行业标准和规范的变化和更新也可能引发对产品创新设计的需求和课题。

（4）在技术领域不断发展和创新中，可能出现的技术突破和新应用场景也可以成为产品设计的课题来源。

（5）竞争对手的产品和策略是目前产品设计的主要课题来源。通过分析竞争对手的产品特点和市场表现，发现其优势和不足，为自己的产品设计提供借鉴和启发。

另外，社会和环境问题、可持续发展、智能制造等领域的问题和挑战，都是目前可以激发产品设计创新和改进的驱动力。

在课题拟定过程中，根据项目来源确定产品创新设计涉及的领域和范围，如产品类型、市场定位、技术应用等，明确研究的深度和广度。对现有产品或市场存在的问题和挑战进行分析，确定需要解决的痛点和改进的空间。探索创新设计的机会和潜在方向，确定产品创新设计的总体目标，如提高产品性能、拓展市场份额、增强用户体验等。

在课题与目标拟定的过程中，需要不断对其进行审查和修改，确保其具有科学性、合理性和可行性；可以邀请专家、导师或同行对课题与目标进行评审，以获得更多的意见和建议，并及时对课题与目标进行调整和优化。

3.1.2 市场调研与需求分析

市场调研与需求分析是产品创新设计过程中至关重要的一步。通过深入了解市场情况和用户需求，设计团队能够明确产品定位、功能特点及设计方向，为后续的设计和开发工作奠定基础。

1. 明确调研目标

市场调研的第一步是明确调研的目标。在开始调研之前，设计团队需要与利益相关者讨论，明确需要解决的问题和期望达成的目标。这些目标可能涉及市场规模、竞争对手、用户需求等方面。通过明确调研目标，设计团队可以更加有针对性地进行后续工作，确保调研的有效性和实用性。在这一阶段，设计师需要考虑的问题包括：产品的定位和目标用户群体是什么、需要了解哪些方面的市场信息和用户需求、调研的目标和期望结果是什么。

2. 收集数据

在调研目标确定之后，设计团队需要选择适当的调研方法来收集数据。市场调研方法有很多，常见的有问卷调查、深度访谈、焦点小组、观察法等。不同的调研方法适用于不同的情境和研究目的。例如，问卷调查适合大规模数据的收集，而深度访谈则更适合深入了解用户需求和行为背后的原因。在选择调研方法时，设计团队需要考虑调研的目标和研究主体、目标用户群体的特点和数量、设计团队的资源和时间等问题。

收集数据过程中的样本选择对于调研结果的准确性和代表性至关重要。样本的选择可以通过随机抽样、分层抽样等方法进行。在选择样本时，目标用户群体的特点和数量需要明确，尽量选择具有代表性的样本，选择能够最大限度地保证样本代表性的抽样方法。这样可以使调研结果更加可靠和准确。

收集数据是市场调研的核心工作之一。在收集数据过程中，数据收集的方法和流程需要符合调研的目标和研究的问题，数据的收集过程严格按照设计方案进行，保证数据的质量和完整性，以便后续分析和应用。

3.数据分析

数据分析是将收集到的数据转化为有用信息的过程。通过数据分析，设计团队可以发现市场趋势、用户需求和竞争对手的情况，从而为产品设计提供参考。数据分析可以采用定量分析和定性分析相结合的方法，以便全面了解市场和用户的需求。

通过数据分析，设计团队可以描绘出典型用户的特征、行为模式、痛点、喜好等，形成用户画像。一个典型的用户画像包括用户的人口统计特征（如年龄、性别、教育程度、职业等）、行为习惯（如购买行为、使用习惯等）、偏好和价值观等信息，以此帮助设计团队更深入地了解目标用户，从而更好地满足其需求和期望。

4.编写市场调研报告

市场调研报告是对调研结果的总结和分析。通过编写市场调研报告，设计团队可以将调研结果传达给项目相关人员，并为产品设计提供依据和指导。市场调研报告通常包括调研方法、数据分析结果、主要发现和建议等内容，具有很高的参考价值和决策指导作用。

通过以上步骤，设计师可以了解市场和用户需求情况，为后续的产品设计和开发工作提供有力的支持。

3.1.3 概念生成、筛选和评估

概念生成指的是在明确设计需求和问题后，通过采取多种方法和工具，系统地创造、发展创新概念和解决方案的过程。概念生成的核心在于转化前期调研和分析所得的信息，产生多个具有潜力的创意和设计方向，并通过迭代和评估，选择出最佳方案。

产品创新设计的概念筛选与评估是确保最终选择的设计方案具有可行性、市场潜力和高用户接受度的关键步骤。在这一阶段，设计团队需要对生成的各种设计概念进行多方面、全方位的评估和比较，以确定最具有潜力的几个方案，进一步深入开发和实施。

在进行筛选和评估前，设计团队需要设定评估标准和指标，即评估每个设计概念的依据，以确保评估的全面性和准确性。这些指标通常包括技术可行性、市场潜力、用户接受度、商业可行性和可行性分析等。

针对每个设计概念，设计团队需要进行详细的评估和分析，其中包括市场调研、用户调查、技术评估和商业分析等。

在进行方案比较和优先排序时，借助决策矩阵、优先级排序或其他决策工具做出决策。各方面的专家可以提供更深入、专业的测试和评估，来保证评估、筛选的全面性。将来自不同方面的评估结果整合起来，能够全面了解设计方案的优势和不足。通过收集各种意见，可以有针对性地改进设计，满足各方面的需求和期望。这种全面评估过程有助于提高产品质量、市场适应性和用户满意度，为产品成功上市打下坚实的基础。

3.1.4 设计深入

在产品创新设计程序中，设计深入是将构想具体化为实际产品的关键阶段。这一阶段不仅涉及技术和工程，还涉及美学、用户体验等因素。设计的展开是将抽象的构想转化为创新、实用产品的关键步骤。

（1）技术可行性是设计展开中的一个关键考虑因素。设计师或设计团队需要确保选择的设计方案在技术上是可行的，并且能够实现设定目标，确保产品在技术上具备先进性和可操作性。

（2）美学和用户体验在设计展开中占据重要地位。产品外观和用户界面直接关系到用户对产品的认可度和满意度。在设计中融入创新美学元素，同时确保产品的使用体验，能够最大限度地符合用户的期望，满足用户的需求。

除以上两点之外，设计深入阶段还需要综合考虑材料的性能成本、可持续性等方面，选择最适合产品的材料，对工艺流程进行细致规划和优化，提高生产效率，降低成本，使产品具有可扩展性，确保产品的生产过程是高效可行的。

设计深入是技术实现的过程，更是对产品品质全方位的追求。通过这个阶段的精心设计，产品得以真正从理念和构想中走向市场，满足用户的需求，同时在市场中占据有利位置。设计深入环节是产品创新设计中的重要一环，直接决定产品的实际效果和市场竞争力。

3.1.5 测试与验证

设计测试主要是验证设计方案的可行性、功能性、用户体验，以及是否符合预期目标。设计测试根据产品性质可以从功能测试、用户体验测试、安全性和可靠性测试等不同方面开展。

1. 功能测试

功能测试的目标是评估产品设计的功能是否符合规格要求。测试团队验证产品核心功能的实现效果，检查其存在的任何功能性缺陷或错误。

2. 用户体验测试

用户体验测试主要是评估产品的易用性、可理解性和满意度。测试团队将邀请真实用户使用产品，并收集他们的反馈和观点。通过观察用户的行为和听取用户的意见，测试团队可以发现产品设计中存在的问题，并提出改进建议。

在性能测试过程中，需要记录不同负载条件下产品的性能表现，如产品的响应速度、稳定性等，以确保产品能够满足用户需求。

3. 安全性和可靠性测试

安全性和可靠性测试是测试产品在不同条件下的运行平稳度，以及在发生故障时恢复正常状态的速度，以保障产品在使用过程中的稳定性和可靠性的重要环节。

设计测试和验证环节还包括收集用户反馈和持续改进产品的过程。消费者参与的测试是确保产品迎合市场需求的关键一环。通过向潜在用户提供原型或演示，可以收集他们的意见、反馈和建议，有助于了解产品在实际使用中的体验，以及用户对于产品功能、设计和性能的期望，并不断优化产品设计，以提高用户满意度。

在实际的项目实施过程中，设计流程制定好后，设计程序开始对项目操作过程加以指导和规范，并不是如本节所写的步骤顺序那样线性或"机械"进行的，可以根据项目的不同需要进行调整和组合，以连续反复的方式向前推进。解决方案的建立是渐进的，没有单一解决方案能够同时满足使用功能、技术和市场几个方面的设计要求。不同解决方案对每个需要的重视程度有所不同。

3.2 前期产品计划与调研

本节围绕产品创新设计特质，讲述不同类型产品设计过程中都需要完成的市场调研与需求分析等前期产品计划环节。在设计定位前的工作，我们都将其归为前期产品计划。为了准确进行设计定位，设计师在前期需要完成市场需求分析、竞品分析、用户研究等重要工作。

3.2.1 前期产品计划

前期产品计划不仅要确认选题，明确开发目标和方向，还要详细列出每个阶段的具体任务和时间节点，确保产品开发过程有条不紊地进行，最大限度地降低风险，提高资源利用效率，并保证项目在预算内按时完成。

1. 产品创新的选题原则

爱因斯坦曾经说过："提出一个问题往往比解决一个问题更重要，因为解决一个问题也许仅是一个数学上的或实验上的技能而已，而提出新的问题、新的可能性，从新的角度看旧的问题，需要有创造性的想象力，而且标志着科学的真正进步。"希尔伯特认为，"问题的完善提法意味着问题已经解决了一半"。因此，选题决定了产品设计的价值。选题的价值和适宜度可以从产品特征和设计者自身能力等多方面综合考量。

（1）选题产品具有创新产品特征。

只有解决当前社会存在的实际问题，或满足人们的需求，这样产品才会有市场意义和社会意义。选题应该具备创造性，即能够带来新的想法、方法或解决方案，与现有产品或服务有所区别。选题应该紧跟时代发展潮流，符合当前社会、科技和文化发展趋势，具备持续的市场前景。选题应该考虑多方面因素，包括技术、市场、用户需求、法律法规等，确保项目的全面性和可持续性。

（2）选题具有良好的经济性。

选题具有良好的经济性表现在在可控成本范围内能够实现可持续的商业模式，具有盈利能力。选题产品的开发、生产、销售和运营成本应该与预期收益相匹配，确保项目的经济可行性，能够长期可持续发展。

（3）选题所在领域是设计者比较了解的。

选题所在领域最好是设计团队或设计师比较了解的领域，因为具有专业知识和经验的设计团队或设计师更容易识别和解决潜在的问题，推动项目顺利进行，提高项目成功的概率。

（4）选题不宜过于简单，也不宜过于复杂。

产品设计复杂度和简单度之间的平衡是在选题中需要考虑的细节。过于简单的产品可能缺乏竞争力和吸引力，而过于复杂的产品可能生产成本过高，用户难以使用或维护。

好的选题是成功的基石。遵循以上选题原则，设计者可以更有效地选择具有创新性和商业价值的项目，为产品创新设计取得成功提供必要的保障。

2. 项目日程表

合理安排项目日程可以避免任务之间的冲突和重叠。在制定项目日程表时，将任务和里程碑整合到项目日程表中，按照时间顺序排列各项任务和活动，并确定每个任务的开始日期和截止日期。同时，要考虑到可能出现的风险和变更，预留一定的缓冲时间来处理意外情况和延误。同时，建立灵活的变更管理机制，以便及时调整项目日程表和资源分配。

项目日程表的形式多种多样，可以根据项目的性质、规模和需求来选择。以下是几种常见的项目日程表形式。

（1）甘特图。

甘特图又称 Gantt 图，是一种常用的项目日程表形式，以时间轴为基础，将项目的各个任务和活动用条形图的形式显示在时间线上，如图 3-1 所示。通过不同颜色的条形图和连接线来表示任务的开始时间、结束时间和持续时间，直观地展示了项目进度和时间安排。制作甘特图的工具有很多。例如，Office 官方提供的图表工具 Visio，可以帮助我们轻松直观地创建甘特图。

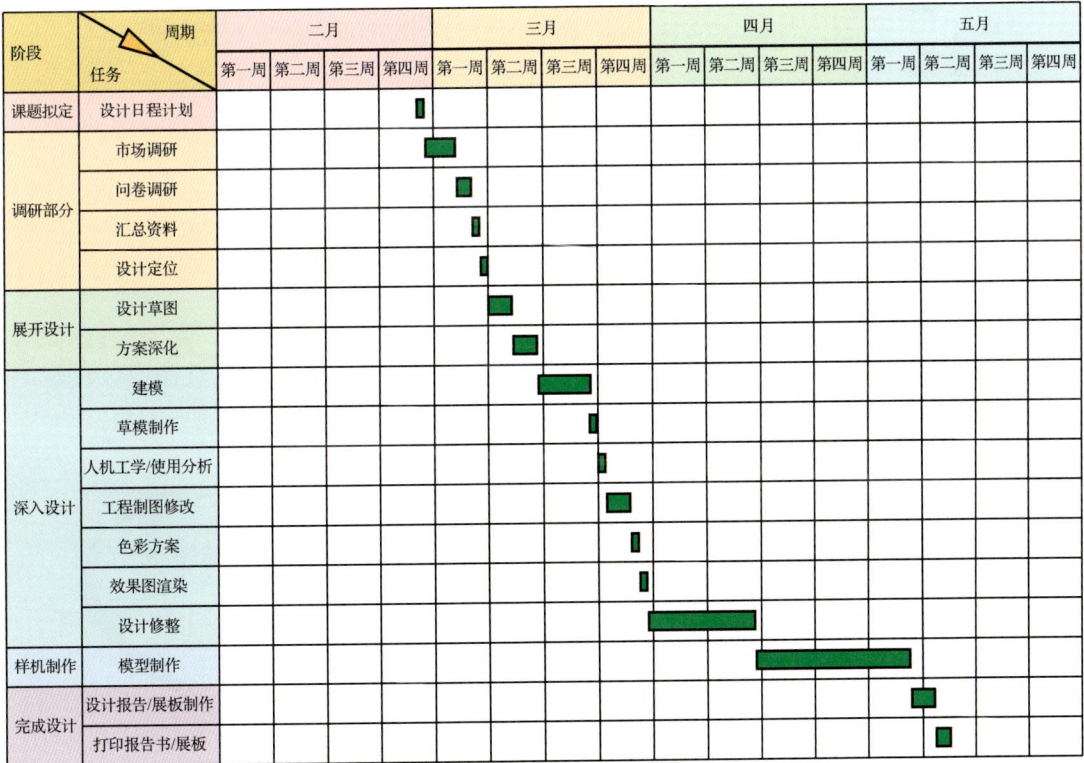

阶段	任务	二月 第一周	第二周	第三周	第四周	三月 第一周	第二周	第三周	第四周	四月 第一周	第二周	第三周	第四周	五月 第一周	第二周	第三周	第四周
课题拟定	设计日程计划				■												
调研部分	市场调研					■											
	问卷调研						■										
	汇总资料						■										
	设计定位						■										
展开设计	设计草图							■									
	方案深化							■									
深入设计	建模								■								
	草模制作								■								
	人机工学/使用分析									■							
	工程制图修改									■							
	色彩方案										■						
	效果图渲染										■						
	设计修整										■	■					
样机制作	模型制作												■	■			
完成设计	设计报告/展板制作														■		
	打印报告书/展板															■	

图 3-1　甘特图

（2）日历视图。

日历视图将项目的任务和活动以日历的形式呈现，每个任务或活动在日历上占据一定的时间段，并标注任务名称、开始时间和结束时间，如图 3-2 所示。日历视图可以清晰地展示项目的时间安排和任务分配情况，方便设计团队成员和利益相关者进行日常的时间管理和沟通。

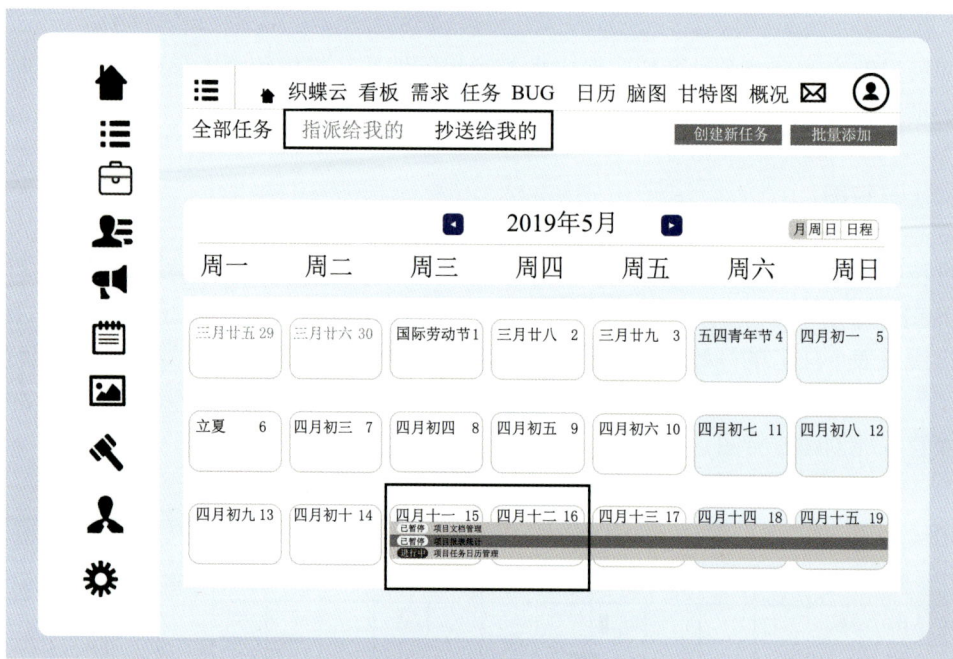

图 3-2　日历视图

（3）时间线图。

时间线图是将项目的任务和活动按照时间顺序在一条时间线上排列，每个任务或活动用文字或图标表示，并标注开始时间和结束时间，如图 3–3 所示。时间线图可以直观地展示项目的整体时间安排和任务顺序。

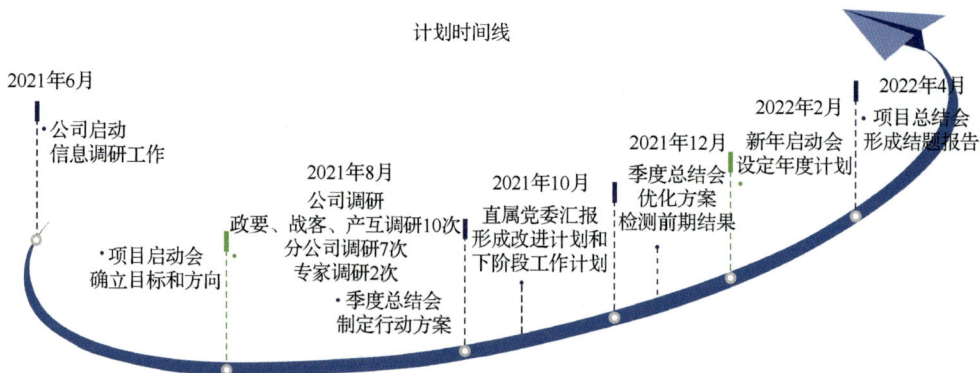

图 3-3　时间线图

（4）里程碑图。

里程碑图和时间线图形式比较像，主要展示项目的关键里程碑和重要节点，以图形或符号的形式标注在时间轴上。里程碑图突出显示项目的重要阶段和关键事件，方便设计团队成员和利益相关者关注和跟踪项目的关键进展。

以上项目日程表形式中的任何一种都可以根据项目的实际情况和设计团队的偏好进行选择和定制，以确保项目日程表清晰、易于理解，并能够有效地指导项目的实施和管理。

3.2.2　市场需求分析

在产品开发的初期阶段，市场需求分析有助于揭示产品在市场上的潜在空间和机会，是确保产品创新成功的重要步骤。市场需求分析可以通过对产品所处生命周期的调研分析，梳理出初步的设计策略；通过问卷、访谈等方法获取目标受众的需求、偏好和痛点，并将其结果与目标产品的设计策略结合，有助于确定产品的核心功能，使其更好地满足市场的实际需求。

1. 产品市场生命周期与设计策略

产品市场生命周期是指产品从上市到退市的整个过程，通常分为导入期、成长期、成熟期和衰退期四个阶段，如图 3–4 所示。针对不同阶段的市场生命周期，制定相应的设计策略有助于产品保持竞争力和市场份额，提高产品生命周期价值。不同产品的市场生命周期阶段的设计策略各不相同。综合考虑产品生命周期的方法有助于设计团队更全面、系统地规划和进行产品开发。

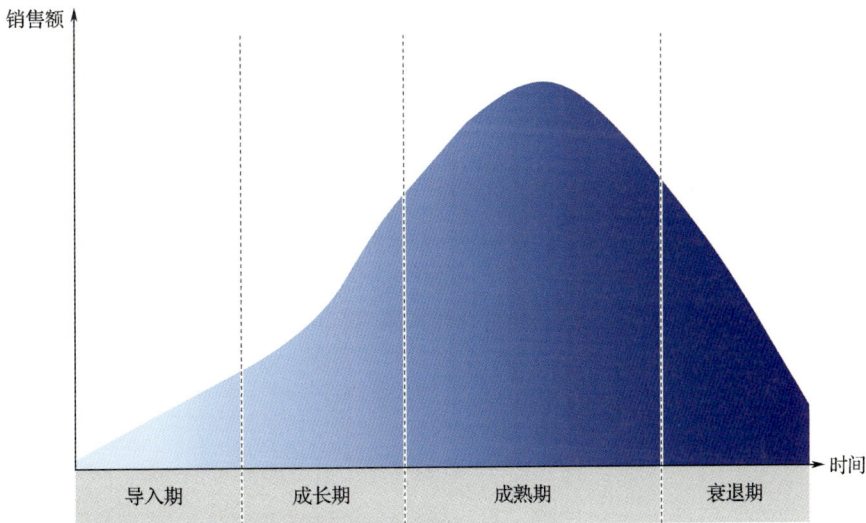

图 3-4　产品市场生命周期

（1）导入期。

导入期是产品刚刚上市，市场认知度低，销售额和市场份额相对较低的阶段。其设计策略是强调产品的独有特点和优势，着眼于创新和解决市场痛点问题，吸引目标用户的注意力，以确保产品在竞争激烈的市场中脱颖而出；提供产品试用和示范服务，让用户了解产品的功能和价值；确保产品质量和性能达到预期，建立良好的口碑和信誉。

（2）成长期。

成长期阶段的产品开始迅速增长，市场认知度提高，销售额和市场份额持续增加。此阶段的设计策略可以选择持续创新和改进产品，以满足不断变化的市场需求；扩大市场推广和营销力度，吸引更多的目标用户；加强客户关系管理，提高客户满意度和忠诚度。

（3）成熟期。

成熟期阶段的产品增长速度放缓，市场竞争激烈，价格压力增大。这个阶段的设计策略需要综合考虑市场饱和度、技术发展速度和竞争格局等因素。例如，可以通过降低成本和提高效率，保持产品的价格竞争力，或不断创新和升级产品，以有别于竞争对手，通过差异化策略来挖掘新的细分市场，保持市场地位。

（4）衰退期。

衰退期阶段的产品销售额和市场份额下降，市场需求减少，产品面临被淘汰的风险。产品设计策略可以考虑产品升级或改进，以延长产品的生命周期；调整产品定位或目标市场，寻找新的增长点；考虑退出市场或寻找替代产品。

在产品市场生命周期中，不同阶段的市场需求可能发生变化。在产品刚刚推出市场时，可能有初期的新奇效应和高需求。随着时间的推移，市场需求可能受到竞争对手、技术变革和消费趋势等因素的影响而发生变化。因此，了解市场的动态变化，不断调整产品的设计策略，是确保产品能够保持竞争力的关键。

2. 市场研究的调查方法

市场研究是企业了解市场需求、竞争情况和消费者行为的重要手段。市场研究的调查方法多种多样，可以根据研究目的、样本特征和数据需求选择合适的方法。

（1）问卷调查法。

问卷调查是通过设计问卷，向目标受访者提出一系列问题，收集他们的观点、偏好和反馈意见，为后期分析提供数据支撑。其优势是能够获取大量受访者的意见和反馈，数据量大，覆盖面广。其弊端是受访者可能存在回答偏差或不真实的情况，调查结果可能不够客观、准确。按照问卷填答方式的不同，可以将问卷调查分为自填式问卷调查和代填式问卷调查。其中，自填式问卷调查按照问卷递送方式的不同，分为报刊问卷调查、邮政问卷调查和送发问卷调查；代填式问卷调查按照与被调查者交谈方式的不同，分为一般问卷调查和电话问卷调查。表3-3对于几种问卷调查方法的利弊进行了简略概括。

表 3-3　问卷调查的种类

项　目	自填式问卷调查			代填式问卷调查	
	报刊问卷调查	邮政问卷调查	送发问卷调查	一般问卷调查	电话问卷调查
调查范围	很广	较广	窄	较窄	可广可窄
调查对象	难控制和选择，代表性差	有一定控制性和选择性，但回复问卷的代表性难以估计	可控制和选择，但过于集中	可控制和选择，代表性较强	可控制和选择，代表性较强
影响回复的因素	无法了解、控制和判断	难以了解、控制和判断	有一定了解、控制和判断	便于了解、控制和判断	不太好了解、控制和判断
回复率	很低	较低	高	高	较高
回复质量	较高	较高	较低	不稳定	很不稳定
投入人力	较少	较少	较少	多	较多
调查费用	较低	较高	较低	高	较高
调查时间	较长	较长	短	较短	较短

　　问卷调查从问卷的设计到对受访者的选择，再到结果分析，每一步都要以准确、全面为实施原则。问卷的设计是问卷调查的核心部分。一个有效的问卷应该清晰、简洁，并以能够获取具体信息的问题为主。问题应该避免引导性和模糊性，以确保受访者能够准确理解并提供有价值的反馈。

　　另外，问卷目标受众的选择对于问卷调查的成功至关重要。确定受访者的特征、背景和需求，有助于确保调查结果的代表性和可靠性。此外，考虑到市场的多样性，可以选择不同的受众群体，以获取更全面的信息。

　　在进行问卷调查时，渠道的选择也是一个关键因素。根据目标受众的特点，可以选择通过在线调查、电话调查或面对面访谈等方式进行。选择适当的渠道有助于提高调查的回应率和质量。

　　问卷调查的结果分析关乎后期的信息反馈。通过使用统计工具和数据分析方法，可以有效地从调查结果中提炼出有意义的信息。这种数据分析有助于深入了解市场趋势、竞争格局和潜在机会。

　　总体而言，问卷调查是一种常用而有效的市场研究调查方法。通过巧妙的问卷设计、选择适当的受众和渠道，以及科学分析调查结果，企业可以更好地了解市场需求，指导产品开发和市场营销策略。

（2）访谈法。

在用户调研过程中，访谈是深入获取信息和了解用户需求的重要方法。产品设计调研访谈的内容包括产品的使用过程、使用感受、品牌印象、个体经历等。访谈可以根据不同的目的、形式和结构分为多种类型，如结构化访谈、半结构化访谈、深度访谈、焦点小组访谈、专家访谈、体验式访谈等。根据产品调研需求及所用阶段，选择相应的访谈方法。

不论采用哪种形式的访谈，访谈结构和顺序基本一致，整个过程包括以下内容。

① 介绍：包含访谈目的、主持人自我介绍等。

② 暖场：在正式访谈开始之前，通过一定的沟通让整个气氛更为融洽，让受访者进入轻松、自在的心理状态。

③ 一般问题：主要用于描述研究或项目的目的，通常用于各种访谈对象、各种研究或项目。

④ 深入问题：往往关注细节，如根据用户回答的情况，追问或请求用户详细描述。

⑤ 回顾与总结：在访谈的每个部分，可以通过回顾和小结，结束该部分和衔接下一部分。当访谈整体结束的时候，可以对每个部分做一个总结，并向受访者做最后的内容及结果确认。

⑥ 结束语和感谢：结束语是在回顾和总结的基础上，表达访谈即将结束，感谢受访者给予的宝贵意见，表示会整理意见并与相关部门沟通。

产品调研初期常用的访谈方式通常分为以下几种。

① 结构化访谈。

结构化访谈又称标准化访谈，是一种对访谈过程高度控制的访谈方式。访谈时向受访者提出的问题、提问的次序和方式，以及受访者回答的记录方式都保持一致。因此，结构化访谈较少使用开放式问法，询问结果大多数可以直接作为答案，然后进行量化和统计分析。其优点是过程标准化，方便对比和量化分析，缺点是不能进行太多的语言表述。

② 非结构化访谈。

非结构化访谈又称开放式访谈，或半结构化访谈，是一种较为开放的探索性访谈方式。在访谈时抛出的问题，不需要受访者按某种固定格式回答，可以由受访者自由描述事件、态度、感受。如果问题的次序在受访者回答表述中已经产生，就可以按情况更换问题的先后顺序，围绕受访者收集意见。在非结构化访谈中，较多考验访谈者对问题的理解及引导受访者深入回答的能力。它的特点是没有统一问卷，只有题目或大致范围或问题大纲，访谈者与受访者在这一范围内自由交谈，具体问题可以在访谈过程中一边谈一边形成一边提出。其类型有重点访谈、深度访谈、客观陈述式访谈等。与结构式访谈相比，非结构式访谈的最主要特点是弹性和自由度大，能够充分发挥访谈双方的主动性、积极性、灵活性、创造性，但访谈结果不宜用于定量分析。

③ 深度访谈。

深度访谈是访谈者通过与单个受访者进行深入而详细的面对面交流，获取他们对产品本身及使用过程中的问题的见解和个人经验。深度访谈通常持续较长时间，可以从 30 分钟到几小时不等，旨在深入了解受访者的观点、态度、动机和行为。访谈问题和讨论内容具有较大的灵活性，访谈者可以根据受访者的回答进行追问和探讨，从而挖掘更深层次的信息。深度访谈多采用开放性问题，引导受访者自由表达想法和感受，而不是限制在固定的回答选项中。访谈过程通常会通过录音、笔记等形式被详细记录下来，以便后续分析和了解。由于访谈时间长，深度访谈通常只能采访少量受访者，样本代表性有限。

④ 焦点小组访谈。

焦点小组访谈是一组受访者（通常 6 ~ 12 人）共同参与讨论的访谈形式。在讨论过程中，访谈者引导话题，受访者之间相互交流和进行观点碰撞，由此获取多种观点和集体智慧。该方法适合探讨新产品概念和用户体验等主题。由于可能受个别强势受访者的影响，访谈结果可能会有所偏颇。因此，焦点小组访谈的组织和协调较为复杂。

⑤ 专家访谈。

专家访谈是针对行业专家、学者或有特定专业知识的人进行访谈。访谈内容通常聚焦技术、市场趋势或专业意见。通过专家访谈可以获取权威的专业知识和见解，有助于了解行业趋势和技术前沿，但因为访谈对象多是专家，所以时间宝贵，访谈安排比较困难。使用该方法，需要提前进行大量准备工作。

⑥ 体验式访谈。

体验式访谈是在受访者使用产品或服务的过程中进行的一种访谈。访谈者实时观察并询问受访者的感受和反馈。访谈过程可以直接获取受访者的真实使用体验和反馈，能够发现产品或服务中的实际问题和改进点。该方法需要实际的产品或服务环境，安排较为复杂，受访者可能因外界干扰而分散注意力。

通过上述分析，我们可以发现，不同类型的访谈方法各有优点或缺点，可以根据调研的具体目标、受访者特点和研究资源来决定访谈类型。结合使用多种访谈方法，可以全面获取用户需求和市场信息。

3.2.3 竞品分析

竞品分析是通过系统研究和比较竞争对手的产品来了解市场环境，发现自身产品的优势和劣势，并制定相关应对提升策略。不同类别的产品，竞品分析目标略有不同。根据类别、阶段的需求，竞品分析大致可以分为了解市场趋势和动态、发现产品改进点、制定市场进入策略，以及了解竞争对手的优点和缺点等分析内容。同时，在产品创新设计过程的竞品分析中，人们很容易做出直接竞品分析，针对类似产品或服务，容易忽略针对间接竞争的产品的竞品分析，即可替代产品或服务。竞品分析可以从竞争企业、竞争品牌、竞争产品等多方面进行，这里结合课程需求及实际操作的难度，从竞争产品和竞争品牌两个方面展开讲述。

1. 竞争产品研究

在竞争产品研究阶段，需要详细评估各种产品的核心功能，比较技术参数、性能指标和实际使用效果等。此外，还要分析产品的附加功能和创新点，了解这些功能是否能够为用户带来额外的价值或使用便利。同时，用户评价和专业评测也可以提供有价值的信息，有助于判断产品的质量和可靠性，如使用寿命、故障率和售后服务记录。

（1）竞争产品性能参数分析。

根据设计需要，对同类产品的主要性能进行综合比较是很有必要的。进行竞争产品的性能参数比较时，需要从多个方面进行详细分析，以全面了解每种产品的优势和劣势。不同类型产品性能比较的内容各不相同，基本围绕产品的核心功能展开分析和比较。下面以电动自行车为例，讲解竞争产品的性能参数比较方法。

① 产品核心性能参数是比较的重点。对于电动自行车，需要详细评估每种产品的功率和效率，包括输出功率和能效比，以了解其在功率输出与能源消耗之间的平衡。此外，在用户使用过程中，电动自行车的速度和响应时间也是关键指标，如最高速度和加速度，以及对用户指令的处理速度和响应时间。

② 产品使用性能是影响用户体验的重要方面。在这方面，需要比较产品的容量和范围，如电池容量、储物容量等。电动自行车的续航里程和产品在长时间运行中的稳定性和可靠性都属于该范畴。

③ 安全性是消费者非常关注的方面。安全性分析需要比较每种产品的安全认证，如CE、UL、FCC 等，评估过载保护、过热保护和防护罩等安全保护功能，以及在设计上的安全考虑，如使用无毒材料和防滑设计等。为了分析全面，还需要参考用户评价中的安全

性问题，了解产品在实际使用中的安全性。

④ 环境适应性是产品在不同工作条件下的表现，包括电池工作温度和温度对续航的影响，以及防水、防尘等级。此外，噪声和振动水平也是重要的比较点，需要评估产品在运行时的噪声水平和抗震性能。

⑤ 设计和功能也是影响产品吸引力的重要因素。在对电动自行车进行性能分析时，需要比较每种产品的外观指标，如尺寸、质量、材质和工艺效果等，评估其便携性、耐用性和美观性。在用户界面和控制方面，需要分析用户界面的直观性和易用性，如显示屏和按钮布局，以及是否支持智能控制、远程操作和语音控制等。

⑥ 在收集各类数据后，建立一个详细的性能参数对比表，可以直观地展示每种产品的性能参数。通过列出每种产品的具体指标，如功率、续航里程、最高速度、电池容量、尺寸、质量、兼容性、安全认证和工作温度范围等，全面了解每种产品的优势和劣势，如表 3-4 所示。这种详细的比较分析可以为产品开发和市场定位提供有力支持。

表 3-4　电动自行车性能参数比较

性能参数	产品 A	产品 B	产品 C
功率	200瓦	250瓦	180瓦
续航里程	300千米	350千米	280千米
最高速度	120千米/时	130千米/时	115千米/时
电池容量	60安时	70安时	55安时
尺寸	180厘米×80厘米×60厘米	190厘米×85厘米×65厘米	175厘米×78厘米×58厘米
质量	25千克	28千克	22千克
兼容性	多种接口	多种接口	单一接口
安全认证	CE，UL	CE，FCC	CE
工作温度范围	−10～40 ℃	−20～45 ℃	−15～35 ℃

（2）竞争产品外观分析。

随着人们对产品美观需求度的提高，产品外观也成为竞品研究的一个重要参数。在分析竞争产品的外观时，可以从设计风格、色彩与表面处理、设计细节等方面入手，以全面评估产品在设计、实用性和美观性方面的表现。

① 设计风格主要是评估产品外观设计的吸引力和品牌整体形象一致性两个方面。

② 色彩与表面处理工艺及效果是外观比较的关键点。在外观分析过程中，主要比较每种产品生产商提供的颜色选项，以及颜色搭配的和谐度；评估产品的表面处理工艺，如

喷漆、抛光、电镀等，以及其质感和美观度。

③ 设计细节是决定产品细节美感的重要因素。例如，操作界面按键布局的合理性，显示屏的大小、分辨率和显示效果，以及接口的布局连接和操作的便捷指数等。

从外观分析比较的角度出发，出于设计需要，也可以将竞争品牌的不同规格产品图片汇集在一起，比较品牌造型的特点和功能，如图 3-5 所示。

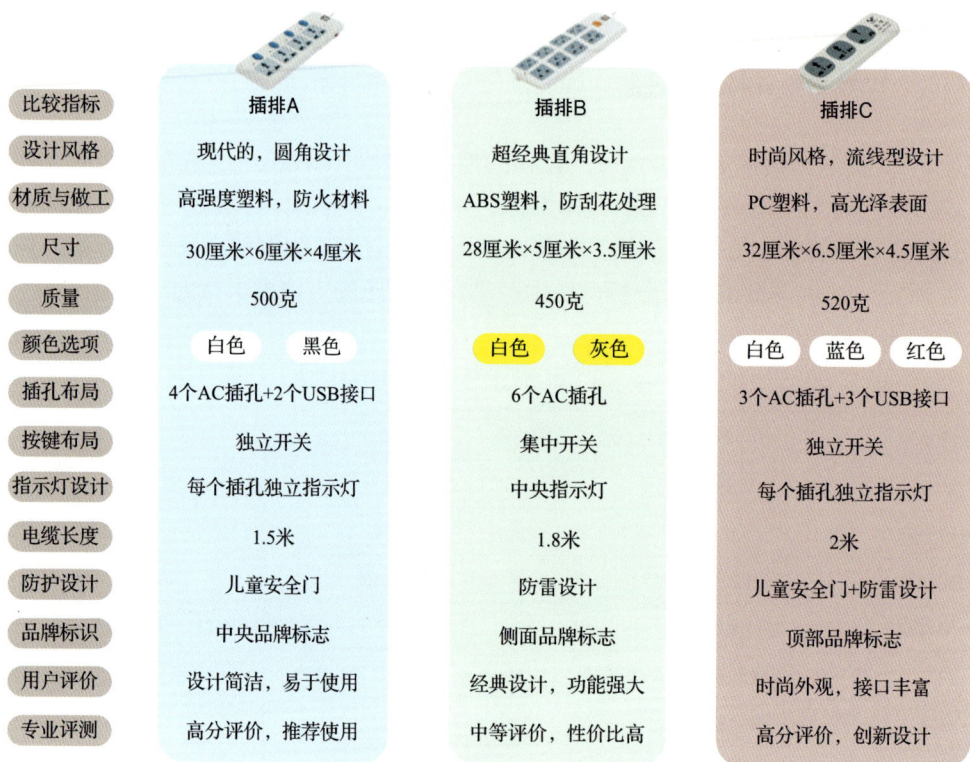

比较指标	插排A	插排B	插排C
设计风格	现代的，圆角设计	超经典直角设计	时尚风格，流线型设计
材质与做工	高强度塑料，防火材料	ABS塑料，防刮花处理	PC塑料，高光泽表面
尺寸	30厘米×6厘米×4厘米	28厘米×5厘米×3.5厘米	32厘米×6.5厘米×4.5厘米
质量	500克	450克	520克
颜色选项	白色 黑色	白色 灰色	白色 蓝色 红色
插孔布局	4个AC插孔+2个USB接口	6个AC插孔	3个AC插孔+3个USB接口
按键布局	独立开关	集中开关	独立开关
指示灯设计	每个插孔独立指示灯	中央指示灯	每个插孔独立指示灯
电缆长度	1.5米	1.8米	2米
防护设计	儿童安全门	防雷设计	儿童安全门+防雷设计
品牌标识	中央品牌标志	侧面品牌标志	顶部品牌标志
用户评价	设计简洁，易于使用	经典设计，功能强大	时尚外观，接口丰富
专业评测	高分评价，推荐使用	中等评价，性价比高	高分评价，创新设计

图 3-5　插排电源外观比较图

（3）竞争产品性价比研究。

产品的性价比，即产品质量、功能和性能与其价格之间的关系，分析价格与提供价值的合理性。性价比是影响消费者购买决策的重要因素。将每种品牌不同型号产品的价格尽可能详细列出，通过价格比较，可以搞清不同品牌产品在市场中的价格定位，从而了解竞争格局，如表 3-5 所示。

表 3-5　不同品牌数字证书产品性能 / 价格比较表

产品特性指标	WoSign	Thawte	Geo Trust	VeriSign
证书已经预置在浏览器中，支持所有浏览器				
价格比较一：超真SSL	1288元	1992元	3192元	3992元

产品特性指标	WoSign	Thawte	Geo Trust	VeriSign
价格比较二：SGC 超真 SSL（强制 128 位加密）	3232元	5592元	无	7960元
价格比较三：超快 SSL	468元	1192元	552元/2392元	无
价格比较四：代码签名证书	1288元	2392元	无	3992元
颁发速度：超真 SSL	10分钟	1～2个工作日	1～3个工作日	1～5个工作日
取消订单与退款保证期限	28天内无条件退款保证	28天内有条件退款保证	5天内无条件退款保证	28天内有条件退款保证
证书有效期	1～10年	1～2年	1～5年	1～3年
支持中文域名和 IDN	全面支持	支持	不支持	不支持
支持世界各地常用语言（包括中文）	全面支持	部分支持	不支持	不支持
支持多域名证书	支持	不支持	不支持	不支持
支持 SGC 强制 128 位加密技术	支持	单支持	不支持	单支持
微软代码签名证书支持 Windows 2000/98/95	双支持	支持	无	支持
代码签名证书提供免费时间戳服务	提供	不提供	无	提供
安全认证签章支持中文单位名称	支持	不支持	不支持	不支持
个性化定制数字证书	支持	不支持	不支持	不支持
本地中文技术支持和在线实时帮助	全面支持，每周6天，每天10小时	无，代理商提供有限支持	无，代理商提供有限支持	无，代理商提供有限支持

（4）产品利益点研究。

收集每种产品的用户评价和反馈，了解用户的真实使用感受，分析产品常见的优点和缺点，可以找出用户最关注的问题和需求，即产品利益点。同时，可以查看专业评测机构对每种产品的评价，获取客观的性能和质量评估，比较评测结果，了解产品在技术和用户体验方面的差异，寻找开发切入点。

在产品利益点研究过程中，可以利用列出的利益点做成问卷，测试消费者对每个利益点的重视程度和满意程度，并对重视程度打分，不重视（满意）得 1 分，不怎么重视（满意）得 2 分，稍重视（满意）得 3 分，很重视（满意）得 4 分。对于每个利益点，分别计算重视度和满意度两个指标。

通过进行问卷统计，获取参与重视度和满意度调查的人数及打分情况，并将重视度和满意度分数进行加权平均数计算。然后，用重视度数值减去满意度数值，即该产品在此方面的不足度数值。

以手机价格调查为例，参与问卷的受访者有 11 人，在"手机价格不能太贵"重视度中，选择"很重视""稍重视""不太重视""不重视"的人数分别为 0、9、1、1，计算出的重视度为 2.727，使用同样的方法计算出的满意度为 2.636，不足度 = 重视度 − 满意度，即手机价格不足度为 0.091，如表 3−6 所示。

表 3-6　手机价格调查不足度计算分值表

手机价格不能太贵			
结果	很重视	稍重视	不太重视	不重视
分数	4	3	2	1
人数	0	9	1	1
重视度=（4×0+3×9+2×1+1×1）/11≈2.727				
结果	很满意	稍满意	不太满意	不满意
分数	4	3	2	1
人数	2	4	4	1
满意度=（4×2+3×4+2×4+1×1）/11≈2.636 不足度=2.727−2.636=0.091				

在手机待机时间调查中，参与问卷的受访者有 11 人，在"手机待机时间"重视度中，选择"很重视""稍重视""不太重视""不重视"的人数分别为 5、5、1、0，计算出的重视度为 2.364，使用同样的方法计算出满意度为 1.818，不足度 = 重视度 − 满意度，即手机待机时间不足度为 0.546，如表 3−7 所示。

表 3-7　手机待机时间调查不足度计算分值表

手机待机时间			
结果	很重视	稍重视	不太重视	不重视
分数	4	3	2	1
人数	5	5	1	0
重视度=（4×5+3×5+2×1+1×0）/11≈3.364				
结果	很满意	稍满意	不太满意	不满意
分数	4	3	2	1
人数	1	1	4	5
满意度=（4×1+3×1+2×4+1×5）/11≈1.818 不足度=3.364−1.818=1.546				

通过对不足度分值的比较，可以发现手机待机时间不足度较高，也就是该类产品在此方面还没有很好地满足用户需求。因此，不足度比较大的方面就是我们寻找的利益点，这些利益点将成为产品改进的重点。

2. 竞争品牌研究

产品与品牌之间的关系是相互依存和相互促进的。优质的产品是品牌建立的基础，而强大的品牌能够提升产品的市场竞争力和附加值。在激烈的市场竞争环境中，品牌在与消费者沟通的过程中传达产品定位的差异化，满足消费者从功能到情感上的需求。通过对竞争品牌的研究，可以对同类品牌的现状进行诊断，了解同类品牌相关产品在消费者心目中的定位，发现自身品牌与竞争品牌之间的差异，发现阻碍自身品牌发展的根本原因，分析从产品创新方面刺激自身发展的可能性。

（1）品牌知名度。

品牌知名度指消费者对某一品牌的认知和熟悉程度。高品牌知名度意味着消费者不仅知道该品牌的存在，还能联想到其产品、服务和特征。高品牌知名度的产品通常更容易获得消费者的信任。消费者倾向于选择自己熟悉并信任的品牌，这种信任可以减少购买决策中的不确定性和感知风险。一个知名品牌推出的新产品，即使消费者对该产品本身不熟悉，也可能因为品牌的信誉而愿意尝试。品牌知名度可以通过以下公式计算：

$$品牌知名度 = \frac{受访人群中知道该品牌的人数}{受访人群的总人数} \times 100\%$$

对于品牌知名度数据，可以通过给受访人群发放调查问卷的形式获取，根据产品的特点选择和确定人群数量。

通过研究品牌知名度，设计师和企业可以更好地了解其品牌在市场上的定位和竞争力，识别品牌的强项和弱项，优化市场营销策略，提高市场占有率。

（2）品牌渗透深度。

品牌渗透深度可以揭示消费者对不同品牌的偏好和购买行为，帮助设计师和企业了解消费者的需求和期望。设计师和企业通过研究竞争品牌的主要客户群体及特征，可以对自身品牌进行更精准的市场细分和定位，以此优化产品设计。通过"品牌曾经使用率"和"过去六个月品牌的使用率"两个指标，可以看出品牌在市场上的渗透深度，公式如下：

$$品牌曾经使用率 = \frac{过去使用过该品牌人数}{样本总数} \times 100\%$$

$$过去六个月品牌的使用率 = \frac{过去六个月使用该品牌的人数}{总样本数} \times 100\%$$

（3）品牌或产品吸引力。

一个品牌或产品是否有吸引力，可以通过用户忠诚度指标获取。用户忠诚度指标主要是用户对品牌的黏性及重复购买率。设计师和企业通过研究品牌或产品吸引力，可以分析影响客户满意度的关键因素，做到知己知彼，从而改进产品和服务，增强客户体验，进一步提升客户满意度。计算品牌和产品吸引力的公式如下：

$$品牌和产品吸引力（用户忠诚度）= \frac{最常使用该品牌的人数}{过去六个月内使用过该品牌的人数} \times 100\%$$

（4）品牌形象。

品牌形象与声誉也会影响消费者决策。品牌形象是用户对品牌的整体评价，包括产品质量、服务水平和企业形象等。在品牌选择过程中，越来越多的消费者开始关注品牌在社会责任方面的表现，如环保、公益等。企业在打造品牌时，也会在社会责任感和可持续发展方面进行投入和提升品牌形象，第4章有详细的案例分析。

3.2.4 用户研究

用户研究是一种系统性的方法，旨在深入了解目标用户及其需求、行为和偏好，来指导产品设计、服务体验等方面的决策。这种研究通常包括定性和定量两种方式，通过与用户交流、观察用户行为、收集用户反馈等手段，获取关于用户的各种信息和数据。具体采用何种方式，取决于研究问题、研究结果（是描述性还是数据实验性）、用研成本、时间和数据可得性等因素。证实或测试某物（某种理论或假说）采用定量研究，理解某物（某些概念、观点或经历）采用定性研究更合适。定量研究和定性研究收集数据的方式及其适用的问题有所不同，如表3-8所示。

表 3-8 定量研究和定性研究的区别

定量研究	定性研究
侧重于测试理论和假说	侧重于探讨观点并形成一种理论或假说
采用数学和统计学方法分析	通过总结、分类和解释来分析
主要用数字、图形和表格表达	主要用文字表达
需要许多受访者	需要较少受访者
侧重于测试理论和假说	开放式问题
关键术语：测试、测量、客观性、可复制性	关键术语：理解、情境性、复杂性、主观性

对定量数据的分析，可以通过采用统计学方法分析综合数据，从数据中发现模式或共

性，研究结果可以用图形和表格表示。常规定量研究可以使用 SPSS、SAS 或 Excel 等应用软件辅助工作。对定性数据的分析，可以从内容、主题、话语等方面进行评价和表述。

在用户研究中，定性研究（如用户访谈、焦点小组讨论）有助于深入了解用户的情感、态度和体验，定量研究（如问卷调查、实地调查）则能够量化用户行为和态度，提供客观的数据支持。定量研究中的问卷调查在 3.2.2 节已经做过介绍，本节重点介绍定性研究方面的内容。在产品创新设计过程中，定性用户研究根据设计阶段的不同，使用的方法也不同。常见的方法是根据用户访谈、问卷调查的结果等进行分析总结，进一步完成对用户画像、用户行为、用户旅程图、用户痛点等的分析。

1. 用户画像

设计师通过对用户画像进行分析可以更好地了解产品的目标受众，以便有效地定位市场和优化产品设计。在做用户画像时，根据用户的基本特征和属性将用户分成不同的群组，如年龄段、地理位置、职业等。一般将收集到的用户数据进行整合，通过图表结合的形式构建用户画像模型，反映用户的特征、行为和偏好，来描述他们的特点、需求和行为模式，如图 3-6 所示。

基本信息	刘女士 25岁/初级原画师	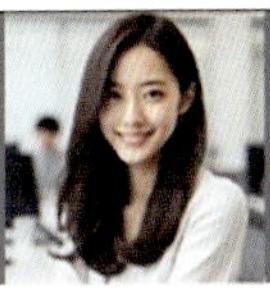
画像描述	1.工作情况：某游戏公司的某个项目组的初级原画师，每天的工作内容是上午找参考形象，下午和晚上进行角色设计。有时候找不到合适的参考形象，工作忙碌的时候会在公司加班。 2.居住情况：外地工作，租赁房屋，有一个专门摆放游戏形象的柜子。 3.人偶使用情况：工位上有盲盒玩偶，人物模型和球星关节人偶作为参考，但大部分的时候还是在网上寻找参考形象。球星关节人偶比较少用。 4.兴趣爱好：喜欢游戏和动漫，有自己喜欢的二次元人物，并且喜欢设计专属于自己故事的角色。	
目标	1.提升自身能力，成为资深画师。 2.提高自己找寻参考形象的能力与工作效率。 3.能够有专属于自己故事角色的人物模型。	

图 3-6 原画师用户画像

2. 用户行为

用户行为分析是通过行为观察法等，系统收集、处理和分析用户在使用实体产品过程中的行为数据，深入了解用户的需求、偏好和使用模式，以指导产品设计、改进和营销策略的一系列方法和技术。用户行为分析不仅关注用户在购买决策过程中的行为，还包括用户在产品使用过程中的互动和反馈。

用户行为分析方法有很多。在数据收集方面，可以通过现场观察记录用户在真实环境中对产品的操作、使用频率和习惯，也可以通过用户访谈和问卷调查直接获取用户体验、满意度和改进建议。结合物联网技术，一些智能产品中嵌入的传感器可以实时收集用户使用数据，如使用频次、环境条件和操作方式等。以上都是获取用户行为特点的常用方法。此外，产品售后服务数据也可以提供分析用户常见问题和痛点的宝贵信息。

根据用户行为分析结果，设计师可以获取用户使用习惯和偏好，提升产品设计和功能的易用性和用户满意度，解决用户在使用产品过程中的障碍和痛点，增加用户黏性和忠诚度。

3. 用户痛点

用户痛点指的是用户在使用产品或服务时遇到的各种问题或挑战。收集数据是分析用户痛点的基础。通过用户反馈渠道，如问卷调查、用户访谈和反馈表，可以直接获取用户的意见、建议和相关数据。在用户痛点分析过程中，利用用户行为分析工具（如 Google Analytics、Mixpanel 等）收集用户使用数据，有助于了解用户在使用产品过程中的行为模式和路径。将收集的用户行为数据进行定量分析，找出用户偏好的选项；通过焦点小组或用户访谈过程，深入了解用户的感受和需求，梳理定性分析依据；通过情感分析，了解用户评论和反馈中的情感倾向，找到常见的负面反馈，以此来找到用户痛点。

4. 用户旅程图

用户旅程图是结合用户特征、用户行为分析结果等绘制的一种可视化图表工具，用于展示用户与产品或服务进行交互过程中的各个阶段和体验情况。这种图表通常以时间为轴线，以用户与产品的触点和行为为节点，展示用户在整个旅程中的情感、需求和体验。用户旅程图包括几个关键组件和元素，根据对用户需求的分析，将用户旅程分解为不同阶段，如使用前、使用中、使用后等；结合对每个阶段用户情感、需求和行为等元素的分析，描述不同阶段的用户感受、痛点和机会点等。

图 3-7 为高铁站行李车用户旅程图。

制作用户旅程图的流程包括确定目标、收集数据、绘制图表、分析和优化，以及持续更新等环节。绘制一张有分析价值的用户旅程图有以下几个关键点。

（1）明确用户旅程图的目标，如识别痛点、优化用户体验、发现改进机会等。

（2）确定用户旅程图绘制范围，定义用户旅程的起点和终点，明确要分析的用户行为和互动过程。

（3）描绘用户在每个触点的情感变化，标记满意和不满意的时刻也很重要，方便标识用户在每个阶段的需求和痛点，有助于发现改进机会。

図 **高铁站行李车用户旅程图**

阶段	使用前			使用中				使用后	
	准备出行	预约	查找	扫码用车	放置儿童和行李	使用体验	还车	结算	反馈评价
用户需求	•方便查找相关信息 •能缓解携娃疲劳 •使用舒适	•可以提前预约 •预约简便 •可以查看预约信息 •可以随时取消	•方便查找 •在自己路径中 •能够导航快速找到 •急需时快速找到	•减少操作时间 •卫生、美观 •能够及时有反馈 •车辆没有故障 •无押金	•安全可靠 •儿童乘坐舒适 •空间足够	•可在高铁站候车 •空间通畅 •成人使用舒适 •查看车票信息 •导航位置	•还车简便快捷 •还车成功后有反馈 •快速找到还车点 •不需要绕远 •顺利还车	•收费合理 •顺利支付	•评价反馈 •反馈故障
触点	手机、互联网广告、朋友推荐	小程序、互联网	小程序、工作人员	小程序、共享童车	共享童车	共享童车	共享童车、工作人员	小程序	小程序
用户行为	制订出行计划；查看行李数量考虑是否携带童车；查看共享童车信息	查询车站童车；使用小程序预约	到达车站；查询取车点；到达取车点	找到可用童车；检查车况、卫生；用小程序扫码；了解用车规则；取车成功	放置好儿童；系上安全带；放置好行李	使用共享童车；查看车票信息；前往商店、卫生间、接水处等地点	查询还车点；找还车点；到达还车点；还车成功	支付费用	故障反馈；评价体验
用户感受	出行痛快；行李太多，还有孩子，出行不便；高铁站有共享童车，可以提前预约；到达车站，人流多，担心孩子安全；找不到取车点；找到取车站			小程序操作简便，界面美观；卫生、质量问题；扫码取车；小程序操作不便；押金多	放置行李、儿童；行李空间问题；安全带等保护措施，设置放车空间；儿童安全	前往候车区各个区域；童车尺寸合理，能在高铁候车空间内通行；不想使用了	寻找还车点；寻找还车点，要绕路；还车操作顺畅；还车方便，还车操作方便；还车成功	支付费用	反馈故障与评价
机会点	•设置合理用的平台 •提供网上预约 •到达车站、进站导航		•提供站点查询 •进站导航	•小程序操作简便 •童车质量优良 •及时消毒 •及时维修故障童车 •及时反馈童车使用情况	•安全带等保护措施，设置放车空间	•童车尺寸合理，能在高铁候车空间内通行 •查看车票信息 •导航	•价格合理 •无押金 •还车方便 •还车操作方便		•根据车辆各部位进行故障反馈 •及时维修

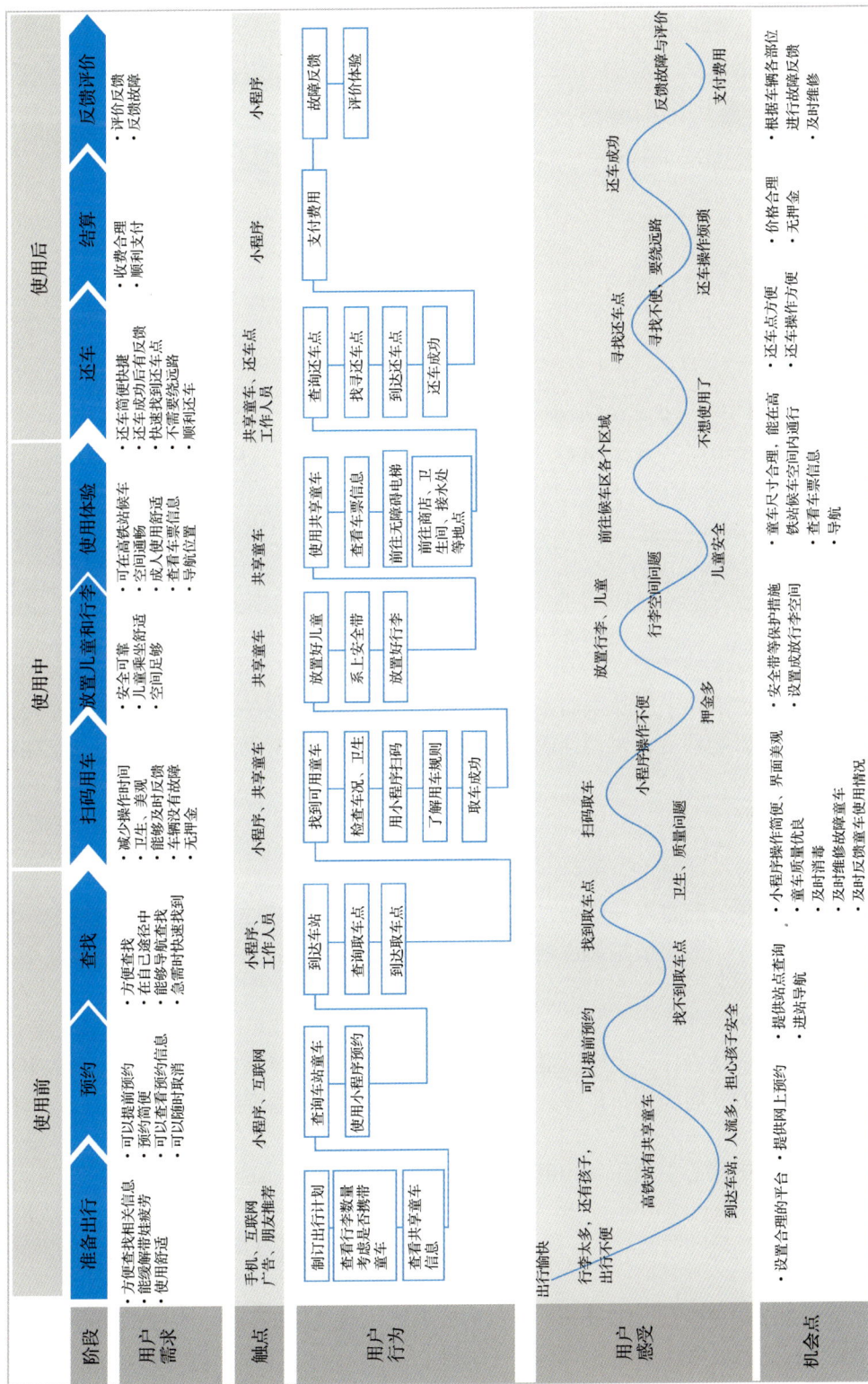

图 3-7 高铁站行李车用户旅程图

图 3-8 为玩具产品用户使用旅程图。

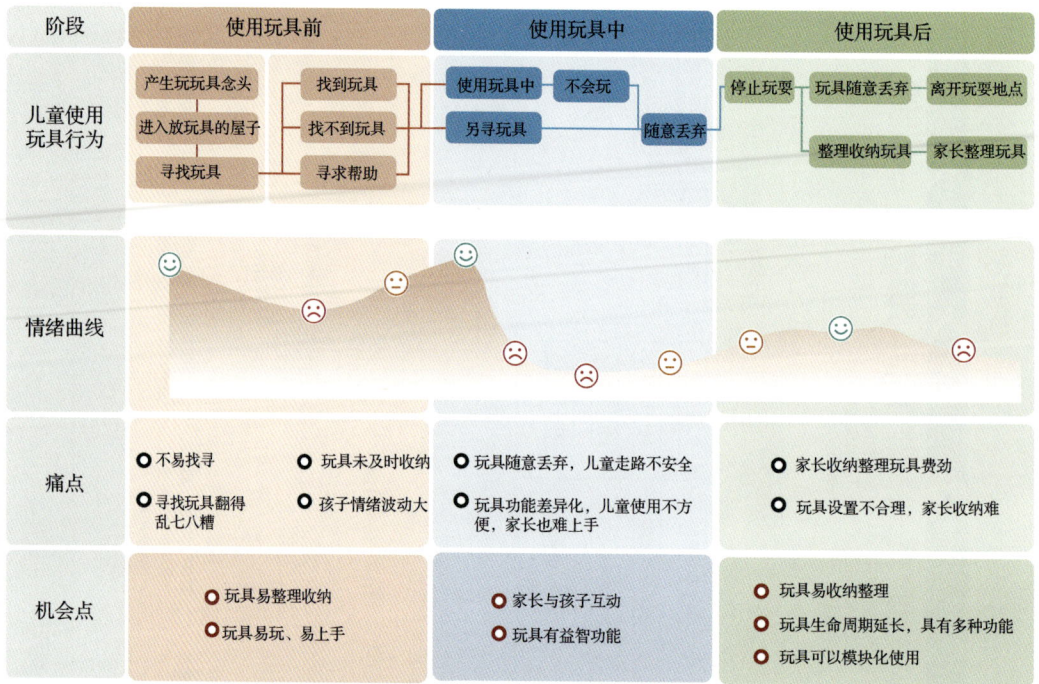

图 3-8　玩具产品用户使用旅程图

用户旅程图的优点在于能够全面了解用户体验，方便识别用户痛点。根据痛点对用户体验和产品功能的影响程度，对设计改进点进行优先级排序，有助于后期制定设计策略和实施计划。

5. 故事板

故事并不是娱乐，而是将一些难以理解的概念、信息或说明变得更加容易理解的一种方式。在用户研究中，故事板是最古老，也是最有效的体验方式之一，可以用来描述个人想法。

故事板可以是表述设计，也可以是描述场景。虽然绘制故事板的目标不同，但故事板的绘制要素是一致的，需要具有背景、人物、风格、目标、主题等要素。

（1）确定故事的核心主题和目标用户。

（2）草拟每个场景的关键元素，如角色、环境和动作，尤其是用户与产品互动的瞬间。

（3）将草图按顺序排列，形成一个连贯的故事流，通常从左到右、从上到下，逐帧绘制或使用软件将这些元素可视化。

（4）添加文字说明，描述每个场景的细节与情感。

如图 3-9 所示，老年人购物场景故事板以设计师设计的产品为主题，围绕产品的使用绘制人物、产品和场景，说明产品的用途。

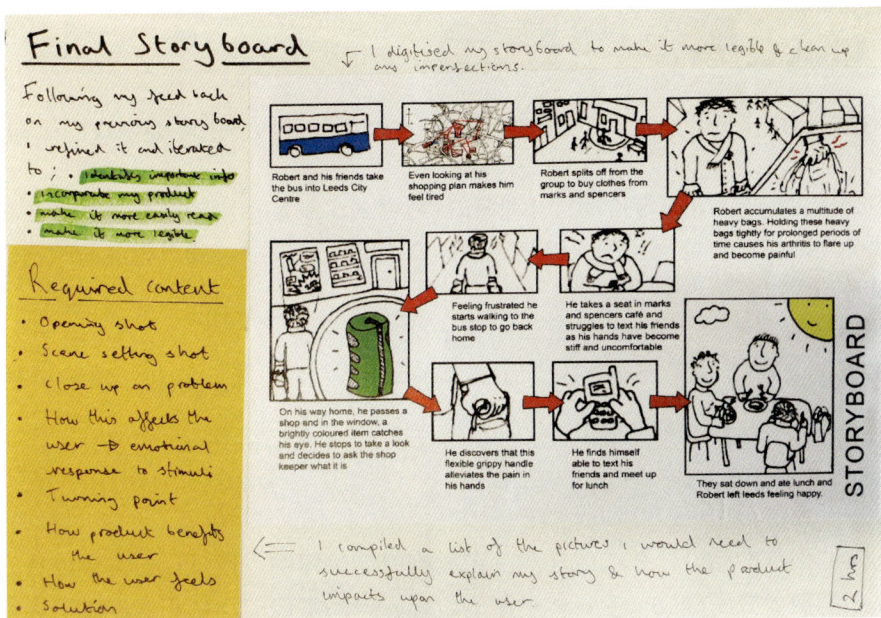

图 3-9　老年人购物场景故事板

3.3　设计定位与设计分析

设计定位确立产品的方向和目标，为设计团队提供明确的工作重点；而设计分析则是从产品功能、美学、用户体验等角度，为设计提供必要的背景信息和数据支持，使设计更加客观、科学和有效。设计定位和设计分析在设计过程中相互补充，为设计过程提供全面的指导和支持。

3.3.1　设计定位

设计定位是指在产品设计和开发过程中，通过系统的市场调研、用户需求分析和竞争分析，确定产品在市场中的独特定位和价值主张，以确保产品能够满足特定用户群体的需求并在市场中脱颖而出。对于设计定位，可以从市场定位和产品定位两个方面来进行分析。

1. 市场定位

市场定位是指明确产品或服务在市场中的位置，以便更好地满足特定目标市场的需求，并与竞争对手区分开来。

（1）确定目标市场，通过对市场进行细分，确定产品或服务的主要受众群体相关特征。

（2）分析目标客户群体的需求、偏好和行为模式，制定相应的定位策略，如高端、大众或低端市场。目标市场和目标人群确定后，产品或服务的独特卖点也逐渐明确，即与竞争对手相比的优点和特点。

（3）制定市场定位实施策略及细节，如设计产品的功能、外观、定价、销售渠道等方面。

2. 产品定位

产品定位是在产品设计之初或在产品市场推广的过程中，通过广告宣传或其他营销手段使产品在消费者心中确立一个具体形象的过程。产品定位的计划和实施以市场定位为基础，受市场定位指导。具体地说，就是要在目标客户的心目中为产品创造一定的特色，赋予一定的形象，以满足客户一定的需要和偏好。产品定位包括用户形象定位、产品使用场景定位、产品价值定位和产品价格定位四个基础方面。

3.3.2　设计分析

设计分析是一种系统性的方法，涵盖从产品初期的概念形成到最终设计实现的各个阶段，通常用于分析和评估已有或正在开发的设计。设计分析主要是识别潜在问题，优化设计方案并提高设计质量和用户体验。设计分析并不只是对设计作品的分析，还包括对设计目标、设计过程和设计结果的评估，以确定设计的优点和缺点，并提出改进建议。设计分析常用于设计项目前期的调研和分析阶段。

1. 设计分析范畴

（1）功能性分析。

这个范畴关注设计的功能和性能。通过对设计的各个组成部分和功能的详细分析，确定产品功能符合预期的目标。功能性分析有助于确保设计的实用性和有效性。

（2）美学分析。

这个范畴关注设计的外观、形式和美感。通过美学分析，评估设计风格、品牌标识和目标受众的审美趋势，确保设计在视觉上具有吸引力，与品牌形象一致。

（3）用户体验分析。

用户体验分析关注用户与设计互动的过程，包括用户界面、交互流程、可用性等。用户体验分析有助于发现潜在问题，为用户在使用设计时获得愉悦和有效的体验提供前期保障。

（4）成本效益分析。

设计的实施需要投入资源，成本效益分析关注的是设计成本和效益之间的平衡。通过评估设计的成本与带来的效益，确保设计的实施是经济可行的，并符合预算要求。

（5）可持续性分析。

可持续性分析考虑设计的生命周期、材料选择、生产过程等因素，关注设计对环境和社会的影响。

（6）创新性分析。

创新性分析关注设计的创新程度。通过评估设计理念、技术或解决方案，确定设计的创新性水平，并为推动行业发展提供新的视角。

2. 设计分析方法

（1）价值分析法。

价值分析法是评估设计的各个方面与其提供的价值之间的关系，其中包括对功能、性能、成本和用户满意度等因素的权衡。价值分析法通过确定设计中各个元素的相对重要性，可以帮助识别设计中具有最大价值的方面，为后续优化设计提供支撑。

（2）属性列举法。

属性列举法是通过列举设计的各种属性和特征来深入了解设计的方法。研究人员或设计团队详细列举设计的各个方面，涵盖外观、功能、材料、制造过程等。这一方法有助于全面了解设计的构成要素，为进一步分析和改进提供基础。

（3）缺点列举法。

缺点列举法专注识别设计中的不足之处和潜在的问题，通过分析设计中可能存在的缺陷、难点或瑕疵，为设计团队提供产品改进的方向。

（4）希望点列举法。

希望点列举法旨在捕捉用户的期望。研究人员通过直接与用户交流或观察用户行为，可以列举用户对设计的期望，有助于了解用户需求，指导设计团队在产品或系统开发中更好地满足用户期望。

对设计分析方法的应用有助于深化设计人员对设计的理解，指导设计改进和创新。使用系统性的方法分析设计，可以更有效地解决问题，提升设计质量和产品实用性，确保设计符合用户需求、市场趋势，并具备可持续性和创新性。

3.4 设计评价与筛选

设计评价是对设计方案进行系统化的评估，判断是否满足用户需求、市场需求，实现技术可行和其他设计目标。设计筛选是基于设计评价的结果，对多个设计方案进行比较和选择，最终确定最佳方案。两者的最终目标都是确保设计方案的质量、可行性和用户满意度。设计评价通过全面的评估提供数据和反馈，设计筛选则通过选择和优化，确保最佳方案的实现。

3.4.1 设计评价目标

设计评价要确定设计评价目标。设计评价目标是针对设计目的确定的，与设计要求有关的所有目标都可以作为评价目标。但是，为了提高效率、减轻工作量，一般可以选择10项左右最能反映设计方案和性能的、最重要的设计要求作为评价目标的具体内容。根据产品特点，可以从功能性、可用性、美观性、技术可行性、经济性、市场适应性等不同方面按需确定评价目标。

为方便定量分析和收集数据，以及更科学和客观地比较不同的设计方案，选定评价项目以后，根据各评价项目的重要程度排序，同时分别设置加权系数（后面会详细讲述加权评分法），其数值越大表示重要性越高。由此可以看出，评价目标及目标重要度设置对于接下来的设计评价影响重大。

设计评价目标表如表 3-9 所示。

表 3-9　设计评价目标表

序号	评价目标	细化的评价目标（实际评价目标）	加权系数
1	Z_1整体效果 0.2	Z_{11}—形式与功能统一，适应机械设计要求 Z_{12}—形体配合默契严谨，具有整体感，空间利用和布局合理 Z_{13}—局部与整体风格一致 Z_{14}—空间体量均衡、协调，形状合理，有稳定感 Z_{15}—质感与功能和环境相宜	0.08 0.04 0.04 0.02 0.02
2	Z_2宜人性 0.2	Z_{21}—重要的操作控制装置造型合理，并处于最佳工作区域 Z_{22}—重要的显示装置造型合理，并处于最佳视觉区域 Z_{23}—操作和显示装置相互配置合理 Z_{24}—操作件使用方便，符合正常施力范围的要求 Z_{25}—照明光线柔和，亮度适宜	0.05 0.04 0.05 0.04 0.02
3	Z_3形态 0.15	Z_{31}—具有独特的风格 Z_{32}—比例协调，线型风格统一 Z_{33}—外观规整，面棱清晰，衔接适度	0.08 0.04 0.03
4	Z_4色泽 0.15	Z_{41}—色彩与功能和使用条件吻合 Z_{42}—对比适度、协调 Z_{43}—质地均匀、优良 Z_{44}—色感视觉稳定，色的分区与形态的划分一致	0.06 0.03 0.03 0.03
5	Z_5外露配套件 0.1	Z_{51}—外露配套件与主机风格统一，配置合理 Z_{52}—款式新颖 Z_{53}—选材合理	0.05 0.03 0.02
6	Z_6涂饰 0.1	Z_{61}—涂装精致 Z_{62}—装饰细节与总体协调 Z_{63}—标志款式新颖、雅致 Z_{64}—标志布置适宜	0.03 0.03 0.02 0.02
7	Z_7其他 0.1	Z_{71}—经济效益高 Z_{72}—其他因素	0.08 0.02

3.4.2　设计评价方法

设计项目进入中期阶段，使用正确的评价方法可以完成设计评价，并指导后期设计筛选。每种方法都有独特的优势和应用场景，可以根据具体需求选择。

1. 加权评分法

前面介绍过设计评价目标的制定，设计评价目标可以配合加权评分法使用。加权评分法是一种常用的定量分析方法，通过为不同的评估标准分配权重，并对每个目标进行评分，最终计算出每个方案的总评分，从而比较和选择最佳的设计方案。

（1）确定评估目标。

（2）根据每个目标的重要性分配权重，权重的总和通常为1（或100%）。因为权重分配的主观性较强，所以可以通过团队讨论、专家意见或其他方法确定权重。

（3）评价目标和权重确定好后，对不同设计方案在每个评价目标上的表现进行评分，评分可以采用0到10分或1到5分的评分体系。评分应该尽量基于客观数据和事实，如用户反馈、成本分析等，而非主观判断。

（4）将每个评分乘以对应的权重，得到各目标的加权分数，并将这些加权分数相加，计算出每个设计方案的总分。这个总分代表该方案在所有评价目标上的综合表现。

（5）通过总分，可以直观地比较不同设计方案的优劣，从而选择最佳方案。

加权评分法的优点在于简单直观、易于操作，同时能够综合考虑多个评价目标，避免单一因素对决策的影响。但是，这一方法的结果在很大程度上依赖权重和评分的合理性，因此在确定权重和评分时应该尽量客观，避免个人偏见和主观臆断。

加权评分法，如表3–10所示。

表 3-10　加权评分法

评　价	方案 A	方案 B	方案 C
Z_1整体效果（0.2）	5	4	5
Z_2宜人性（0.2）	4	3	3
Z_3形态（0.15）	4	4	2
Z_4色泽（0.15）	3	4	3
Z_5外露配套件（0.1）	5	3	3
Z_6涂饰（0.1）	4	3	4
Z_7其他（0.1）	4	3	3
加权分	4.15	3.5	3.35
结论：方案A最佳			

2. 层次分析法

层次分析法（AHP）是一种多准则决策方法。该方法主要用来帮助决策者在复杂的决策环境中做出理性的、一致的决策。层次分析法的核心思想是将复杂的决策问题分解成多个层次，然后通过比较各层次因素之间的重要性，最终确定最佳选择。在层次分析法中，决策问题被分解成目标层、准则层和方案层三个层次。目标层表示决策的最终目标，准则层包含实现目标所需的各种因素或准则，而方案层包含可供选择的各种备选方案或决策选项。决策者需要对准则层和方案层中的各个因素进行成对比较，以确定它们之间的相对重要性，并将成对比较的结果整理成判断矩阵；通过对判断矩阵进行特征值分解，可以计算出每个因素的权重，进而进行综合评估和比较，最终确定最佳选择。在进行成对比较和计算权重时，层次分析法要求对一致性进行检验，以确保决策者的判断是稳定和合理的。层次分析法的优点在于能够清晰地组织和量化复杂的决策问题，同时考虑多个因素之间的相对重要性。然而，该方法也有一些限制，如对决策者的判断和数据的要求较高，一致性检验可能增加决策过程的复杂性。

3. 简单评价法

简单评价法，顾名思义，操作简单快捷。为了便捷，简单评价法省去了一些复杂的分项因素和计算，因此结果相对有些主观。其应用场景主要是评价方案较多、初次评价、评价目标相对单一的情况。简单评价法有很多种，下面重点介绍配对比较法和点评价法。

（1）配对比较法。

配对比较法也称相互比较法、两两比较法、成对比较法或相对比较法，它是一种用于评估和比较多个选项或对象的方法，通过对每对选项进行比较，确定其优劣关系或相对重要性。配对比较法是一种简单直观的评价方法，易于理解和操作，特别适用于需要从多个设计选项中选择一个最佳方案的情境。其特点是省时、有趣、用途广。在产品创新设计方案评价中，可以将所有要进行评价的方案代号列在一起，两两配对比较，价值较高者可得 1 分，另一项则为 0 分。最后将各方案所得分数相加，其中分数最高的方案为优选方案。该方法只能得到顺序数据，因此不能对各等级间的差距进行测量。此外，用于排序的对象个数也不能太多，一般要少于 10 个，否则容易出现错误和遗漏。配对比较法，如表 3-11 所示。

（2）点评价法。

点评价法属于定性评价，具体做法是对所有的设计方案按照已经建立的评价目标体系中的所有评价项目（包括功能、美学、可用性等方面）逐点进行粗略的评价，并用符号"+""-""?""！"分别表示"行""不行""再研究""重新检查设计"的含义，然后统计出每一个设计方案的总评结果，最后根据总评结果选出最佳方案。点评价法，如表 3-12 所示。

表 3-11　配对比较法

比较　　比较	A	B	C	D	E	总分
A		0	1	0	0	1
B	1		1	1	0	3
C	0	0		1	1	2
D	1	0	0		0	1
E	1	1	0	0		2

表 3-12　点评价法

评价项目	方案		
	A	B	C
Z_1满足功能要求	+	+	+
Z_2成本符合要求	−	−	+
Z_3加工装配可行	+	?	+
Z_4使用维护方便	+	?	+
Z_5宜人性符合要求	−	+	+
Z_6造型效果优良	+	−	+
Z_7对环境无公害	+	+	+
Z_8时代感强	+	+	+
总评	6+	?	8+

结论：C方案最佳

4. 名次计分评价法

名次计分评价法是由一组专家对 n 个待评方案进行总评分，每个专家按方案的优劣排出 n 个方案的名次，名次最高者给 n 分，名次最低者给 1 分，以此类推。最后把每个方案的得分数相加，总分最高者为最佳。名次计分评价法的优点在于能够综合多个评委的意见，减少单一评分者的主观偏差，操作简单，易于理解和实施，并且适用于对多标准、多选项的比较，结果易于量化和解释。其缺点在于名次分数的赋予存在一定的主观性。

名次计分评价法，如表 3-13 所示。

表 3-13　名次计分评价法

方　案	专　家						
	A	B	C	D	E	F	总分
01	5	3	5	4	4	5	26
02	4	5	4	3	5	3	24
03	3	4	1	5	3	4	20
04	2	1	3	2	2	1	11
05	1	2	2	1	1	2	9
结论：01方案最佳							

5. 语义评价法

语义评价法是一种用于测量人们对特定概念、对象或体验的态度和感知的方法。该方法用语义区分量表来研究事物，将评价的问题列入意见调查表，并拟订若干表明态度的问题，让评价者在语义量表上对某个事物或概念进行评价，以了解该事物或概念在各被评维度上的意义和强度。语义评价法是根据人的联觉和联想建立起来的，因此受试者的主观行为可能影响评分结果。

语义评价法，如图 3-10 所示。

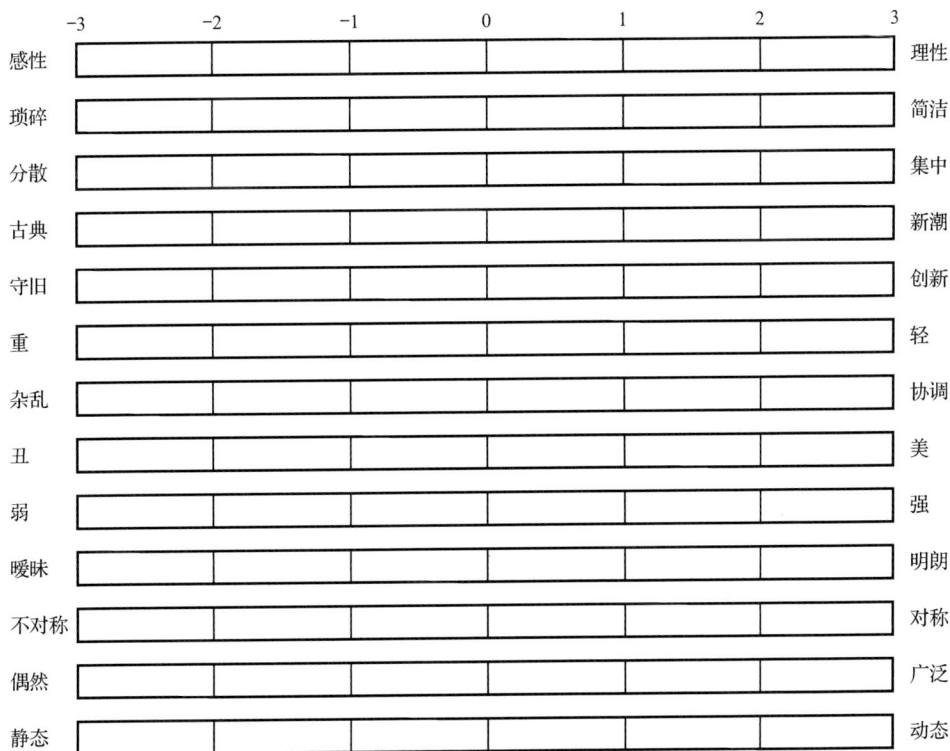

图 3-10　语义评价法

3.4.3　设计筛选

设计筛选的目的是找到与项目目标最为契合的设计方案，决定是否在产品创新技术方面投入人力和物力，确保设计能够实现项目目标。设计筛选有助于提高设计效率。在设计过程中存在潜在的技术、市场和实施风险，通过设计筛选，可以减少可能出现的问题，选择更可行、更可靠的方案，降低项目风险。

设计筛选依赖设计评价提供的详细评估结果，没有设计评价的系统分析和数据支持，设计筛选难以有效进行。设计评价为设计筛选提供了客观依据和标准，而设计筛选的结果可能引发新的设计评价。例如，当一个设计方案被选定为优选方案后，可能需要进行更深入的评价和测试，以发现潜在的问题并进行优化。这种反馈机制保证设计能够持续改进。设计评价与设计筛选相互作用，最终确保产品不仅在功能和技术上可行，而且在市场上具有竞争力，能够满足用户需求。

3.5　深化设计表现

深化设计表现是设计过程中的一项关键任务，在前期的设计评价和筛选后，对确定的最佳方案进行进一步的展示和优化，以提升其市场性和实用性。用户在购买产品时对产品有好感，能够在一定程度上抵消部分消极消费心理。因此，在深化设计表现阶段，需要强调产品细节和技术性，使产品在确保满足功能、性能、制造和使用要求的同时，具有丰富的视觉效果。

深化设计将初步设计概念转化为更详细和具体的方案，不仅需要明确设计元素、结构和功能，还需要充分考虑技术规范和行业标准，以确保设计符合相关的技术要求和法规标准，从而提高设计的可实施性。同时，还要提前预知材料性能，以及制造过程中的具体加工细节，以确保设计在实际制造中的可行性。

在深化设计表现的过程中，需要不断对方案进行工程分析，包括结构、流体力学、热传递等方面的分析，以验证设计的可行性和性能，提前发现潜在问题并及时解决。根据前期用户调研结果，考虑使用者的需求和习惯，通过设计细节完成对用户体验的优化，确保产品在实际使用中提供良好的用户体验。深化设计表现还需要结合社会需求，加强对可持续性的考虑，选择环保材料，优化利用能源，并降低对环境的不良影响，在降低成本、提升品牌形象和履行社会责任等方面具有重要意义。因篇幅有限，此处不再展开论述。

■ 本章小结

产品创新设计程序是一个复杂而多维的过程，始于设计师对市场需求和消费者行为的深刻理解。通过市场调研和对用户画像的构建，设计师能够准确把握用户的真实需求和潜在痛点，为产品创新提供明确的方向和目标。在概念生成与筛选阶段提出并筛选最具有潜力的创意，随后进入开发、深化和测试阶段。这一系统流程能够确保创新产品既满足用户需求，又成功进入市场。

第4章

产品可持续创新设计

4.1 可持续发展与可持续设计

可持续发展已经成为人类共同面对的首要问题，设计也深入其中，并成为实现可持续发展的手段之一。我国将创新、协调、绿色、开放、共享的发展理念深入各行各业。我国2030年碳达峰与2060年碳中和的"双碳"目标和战略任务，不仅为可持续发展指明了方向，也对设计行业提出了挑战。

设计有自身的独特性和优势。设计需要考虑产品和服务是否可以引导更好的消费理念和生活方式、有没有更多地考虑民生需求和社会发展，设计学科需要对环境、社会等各类问题进行深入的思考和探索。产品对环境的影响约80%在设计阶段就已经确定了，转变思维模式，用可持续设计方法规范和推进产品设计势在必行。

4.1.1 可持续发展定义及历史

可持续发展是指既能够满足当代需求，又不损害子孙后代生存能力的发展模式。这一概念由世界环境与发展委员会在 1987 年的《布伦特兰报告》中首次提出，强调在经济增长、社会进步与环境保护之间寻求平衡。

虽然可持续发展的理念在 1987 年得到明确定义，但其起源可以追溯到 20 世纪 60 年代。

1962 年，雷切尔·卡森的《寂静的春天》引起公众对环境污染的关注。

1969 年，地球之友组织成立，旨在应对环境恶化。

1970 年，第一个世界地球日举办，标志着环境保护运动的广泛开展。

1971 年，绿色和平组织成立，该组织同年提出"污染者自付原则"。

1972 年，斯德哥尔摩联合国人类环境会议召开，促成许多国家环境保护机构的成立。

1973 年，石油危机爆发，弗里茨·舒马赫的《小即美》强调经济发展与环境保护的关联。

1974 年，科学家发现氯氟碳化合物对臭氧层的破坏。

1980 年，《世界自然资源保护大纲》提出"向可持续发展前进"的理念。

1983 年，联合国大会成立世界环境与发展委员会。

1985 年，科学家报告温室气体导致的全球变暖问题，并发现南极臭氧层空洞。

1987 年，《布伦特兰报告》发布，正式提出可持续发展的概念。

1992 年，里约热内卢地球高峰会议进一步推动这一理念的全球化，通过一系列重要的国际协议，如《里约环境与发展宣言》和《生物多样性公约》。

此后，多个国际会议和组织不断推进和落实可持续发展的各项措施与目标，如 1997 年的《京都议定书》。

可持续发展逐渐成为一个新兴的学术领域。可持续发展注重满足当前的经济需求，提升生活质量，创造就业机会，确保人们拥有足够的资源来满足世代需求。与此同时，它强调满足社会需求，保障社会公正和公平，要求政府提供基本的教育、医疗和社会服务，维护社会稳定和社区福祉。

可持续发展强调资源和环境保护，以确保未来世代同样能够利用这些资源。它主张可持续利用自然资源，避免过度开发和浪费，保护生态系统，减少污染和环境破坏，保护生物多样性，防止生态系统退化。此外，经济的持续性也是可持续发展的关键要素，通过创新和技术进步，提高资源利用效率，推动绿色经济和循环经济发展。

可持续发展要求从整体和系统的角度看待发展问题，统筹考虑经济、社会和环境三个方面，避免片面追求经济增长而忽视环境和社会需要付出的代价。实现可持续发展需要多方参与，需要政府、企业、社会组织和个人共同努力。各国根据自身国情制定并实施有利于可持续发展的政策和法规，提高公众的可持续发展意识，通过教育和宣传让人们了解其重要性和实践方法，推广和应用可再生能源，以及节能技术和环保技术，推动技术创新在实现可持续发展中发挥关键作用。同时，国际合作至关重要，各国共同应对全球性环境问题，如气候变化、生物多样性丧失和污染等，推进全球可持续发展进程。

2000 年 9 月，联合国大会通过历史性的《联合国千年宣言》，承诺在 2015 年前将全球的贫困状况减少一半。随后，联合国制定了"新千年发展目标"（MDGs）。新千年发展目标分 8 个目标，同时包括 48 个指标来监测进展。这 8 个目标分别为消除极度贫困和饥饿，普及全球初等教育，促进性别平等和提高妇女权利，降低儿童死亡率，提高母亲的健康水平，与艾滋病、疟疾和其他疾病做斗争，保证环境可持续发展，为促进发展建立全球性的合作关系。

2015 年，联合国大会通过的"2030 年可持续发展议程"提出 2030 年国际目标，该目标被称为"可持续发展目标"（SDGs），旨在消除贫困、保护地球、确保所有人享有和平与繁荣。可持续发展目标涵盖经济、社会和环境三个维度，共有 17 个具体目标和 169 个具体指标，17 个具体目标如图 4-1 所示。联合国大会希望通过这些目标和具体措施，确保所有人都能在一个可持续发展的世界中享有和平、繁荣和尊严。

图 4-1　可持续发展目标

4.1.2　我国对可持续发展的探索

我国可持续发展的历程可以分为四个重要阶段，每个阶段都有不同的重点和成就。

1. 改革开放初期（1972—1999 年）

1972 年，我国正式回归联合国，一年后参加首次"人类环境会议"。1973 年 8 月，国务院召开第一次全国环境保护会议，通过我国第一个环境保护文件——《关于保护和改善环境的若干规定》，确定"保护环境、造福人民"的环保战略方针。1978 年，我国启动改革开放，通过开放市场和引入外资，经济迅速增长。政府通过农村改革，提高农业生产力和农民收入，显著降低了农村的贫困水平。1986 年，我国开始实施九年制义务教育，增加教育投入，提高全民教育水平。1992 年，我国参加联合国环境与发展会议，更加重视环境保护和可持续发展。1994 年，国务院发布《中国 21 世纪议程》，制定可持续发展目标和政策框架，1997 年进一步提出具体措施和行动计划。

2. 全面推进可持续发展（2000—2010 年）

进入 21 世纪，我国在可持续发展方面加强了政策制定力度。2000 年，《国家环境保护"十五"计划》发布，确定了具体的环境保护目标和措施，强调污染治理和生态保护。2003 年，《可持续发展行动纲要》发布，覆盖经济、社会和环境各个方面。2006 年，《国家环境保护"十一五"规划》发布，强调环境保护，提出具体的污染减排目标。2007 年，《节能减排综合性工作方案》发布，推动能源结构调整和节能技术推广。2008 年，全球金融危机爆发，我国通过实施大规模经济刺激计划，促进经济复苏，同时加大对清洁能源和绿色产业的投资。

3. 绿色发展与生态文明建设（2011—2020 年）

从 2011 年开始，我国在推动绿色发展和生态文明建设方面取得显著进展。2011 年，"十二五"规划将绿色发展、循环发展和低碳发展作为重要内容，提出具体的环保和节能目标。2013 年推出的《大气污染防治行动计划》，以"十条措施"治理空气污染。2016 年，"十三五"规划进一步推进绿色发展，提出建设美丽中国的目标。2017 年，全国生态环境保护大会提出"绿水青山就是金山银山"的理念，全面部署生态文明建设。2018 年，生态环境部成立，旨在加强环境保护管理和执法。特别值得一提的是，我国在联合国"千年发展目标"计划中发挥了关键作用，尤其是在减贫等领域。改革开放以来，我国的工业化、城市化和基础设施建设创造了大量就业机会，极大地提升了人民的生活水平。同时，政府实施精准扶贫政策，如设立扶贫专项资金、改善农村基础设施、提供教育和医疗支持等，帮助数亿人口摆脱了贫困。我国积极参与国际发展合作，向其他发展中国家提供经济援助、技术支持和人力资源培训，推动各国共同实现千年发展目标。我国通过参加联合国和其他国际组织，分享了减贫经验，推动全球减贫事业发展。2020 年，我国宣布实现现行标准下的农村贫困人口全部脱贫，贫困县全部摘帽，脱贫攻坚战取得全面胜利。

4. 高质量发展和碳中和目标（2021 年至今）

自 2021 年起，我国在高质量发展和碳中和目标方面进行了深入探索。2021 年，"十四五"规划强调高质量发展，提出创新驱动、绿色发展、开放合作、共享发展的新理念。同年，我国提出 2030 年前碳达峰、2060 年前碳中和的目标，加快推进能源结构调整，发展可再生能源，推动低碳技术创新。2022 年，生态文明体制改革进一步完善，推进自然资源资产产权制度和用途管制制度改革，强化生态环境保护法律法规。

综上所述，我国在减贫、教育、健康、环境保护、能源结构调整和生态文明建设等方面取得了显著成就，不断推动经济、社会和环境的协调及可持续发展，为实现 2030 年可持续发展目标做出了重要贡献。然而，全世界可持续发展工作的进展远远慢于人们对它的需求，我国围绕构建"人类命运共同体"，在促进全球生态安全和人类可持续发展方面正在积极探索。

4.1.3 可持续设计

20 世纪中叶，人们的环保意识逐渐觉醒。在这个时期，建筑师、设计师富勒成为可持续设计的先驱之一，他提出了"最小努力，最大效益"的设计原则，强调设计应该在尽量减少资源消耗的同时实现最大的效益。

20 世纪末，随着全球对环境问题的重视不断升级，设计领域迎来可持续设计的黄金时期，并与绿色革命同时发生。1987 年，联合国布鲁塞尔会议首次提出可持续发展理念，强调经济发展、社会公正和环境保护之间的平衡。这一理念对产品设计和制造业产生了深远影响，推动了可持续产品设计的发展。由此可以看出，可持续设计源于可持续发展理念。德国工业设计师迪特·拉姆斯提出"少而精"（Less, but better）的设计理念，强调设计应该简洁、持久。在这个时期，瑞典设计师、企业家古尼拉·诺林也为可持续设计的发展做出了贡献。她提出"生命周期设计"概念，强调产品设计应考虑整个生命周期，从材料选择到生产、使用和最终处理，要以减少对环境的负担为目标。这股浪潮在 20 世纪 90 年代末期继续升温，使可持续设计理念在 21 世纪初广泛传播。

可持续设计是设计界对经济发展与环境、社会等要素之间关系的理论反思，并在此基础上不断寻求变革与转型的设计实践。学术界普遍认可的一种观点是，可持续设计可以划分为四个发展阶段，即绿色设计、生态设计、系统设计、社会创新设计，如图 4-2 所示。

1. 第一阶段——绿色设计

绿色设计始于 20 世纪 80 年代末，强调 3R 原则 [再利用（reuse）、减量化（reduce）、再循环（recycle）] 在产品设计中的运用，其中"可回收性设计""可拆卸设计""无害化设计""持久性设计"都包含在绿色设计范畴当中，如选材的低环境影响，尽量减少材料的使用量等。该时期是在出现"问题和危害"后采取一些缓和与补救措施，可以理解为"过程后的干预"，其本质是"治标"，仅仅延长了危害的暴发周期，减轻了危害的强度，解决方案较为片面和单一。

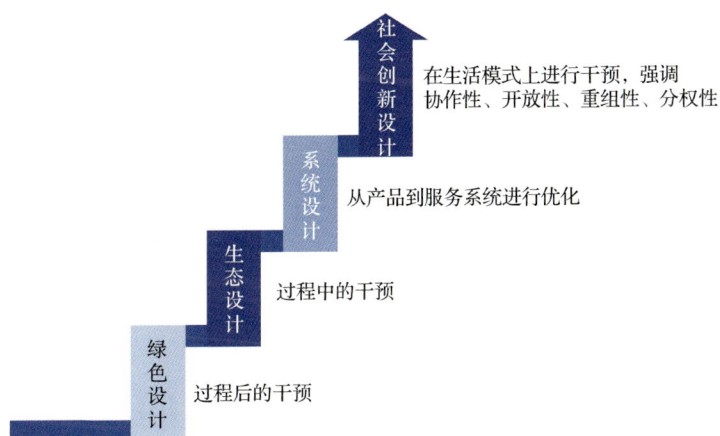

图 4-2 可持续设计四个阶段

2. 第二阶段——生态设计

生态设计是考虑整个"产品生命周期"完整过程的设计方法，从产品的原材料获取、生产制造、装配包装、运输销售到使用与回收处理这些设计环节进行全面的思考优化，关注流程里的各个阶段、各个方面、各个环节的环境问题，同时涉及这些环节的评估分析，以及生命周期评估。生态设计强调将产品设计对环境造成的影响和对能源的消耗降到最小，使最终的产品更符合低碳环保的要求，可称为"过程中的干预"。

3. 第三阶段——系统设计

系统设计阶段是指产品服务系统设计，是一种创新策略的转变，从过去单纯对"物"的设计、销售，走向新型"非物质化服务性综合"的经济发展模式。产品服务系统设计涉及的范围更广泛，主张将商业环境中与设计相关的诸多因素进行整合，创造出从"产品"到"服务"整体优化的新型"商业模式"。产品设计转变为对产品和服务进行干预，企业的作用是将经济、生物和人类各个系统统一为一个整体，实现环境与经济的友好发展。

4. 第四阶段——社会创新设计

社会创新设计关注社会公平与和谐，尊重文化与物种多样性，关注弱势群体，强调在生活模式上秉持可持续理念。可持续"消费模式"的构建和推广是该阶段的核心内容，主张用兼顾经济发展、环境保护、社会和谐、文化传承的可持续之道，用设计方式逐渐改变人们的价值观和消费观。

可持续设计经历了四个阶段，发展成为一种综合性的设计方法，以产品、服务或系统为主要内容，涉及的问题包括立法执行、生态创新、企业社会责任、产品服务体系、生态再设计、用户行为影响、可拆卸设计、逆向制造等，在满足当前需求的同时最大限度地减少对环境的不利影响，并确保能够满足未来世代的需求。这种设计方法强调考虑产品或系统的整个生命周期，从原材料获取、生产、使用到废弃处理，综合考虑各个阶段的环境、社会和经济影响。可持续设计关注的重点不仅包括产品或系统的功能和美学，还涉及对资源的有效利用、环境的友好性、社会责任和经济可行性。可持续设计是极具包容性的概念，虽然继承了绿色设计与生态设计的基本理念与方法，但并非单一强调保护生态环境，而是提倡兼顾环境效益、社会效益、使用者需求与企业发展的一种系统创新策略。设计不再只是"形式、功能的创造者"，增加了另外一个重要身份——各方利益的协调者。

4.2 可持续理念与产品生命周期

4.2.1 产品生命周期

20 世纪 50 年代，产品生命周期概念首先出现在市场营销领域，该领域的产品生命周期分为导入、成长、成熟、衰退四个阶段，主要用于分析产品在市场中的表现，以此制定相应的商业竞争策略。

随着生命周期管理（PLM）软件的兴起，产品生命周期开始包含需求收集、概念确定、产品设计、产品上市和产品市场生命周期管理等环节。关于产品生命周期，并没有一个明确的定义，一般包括产品从加工到报废的过程，即从出生到死亡的过程。为方便分析，我们根据产品特性，将产品分为以下三类。

（1）第一类产品以加工和制造业为中心，其生命周期分为五个环节，即提炼、材料加工、产品制作、使用、处置。

（2）第二类产品以加工和制造业为中心，同时把研究和开发作为一个重要阶段引入生命周期，强调设计的重要性，并且把运输作为一个独立阶段，对再循环给予一定的重视和地位。此类产品生命周期分为研发、提炼、制造、运输、使用、再循环和处置七个环节。

（3）第三类产品把重点放在再循环上，其周期分为生产、使用、再循环、处置四个环节。

产品生命周期的每个阶段都有特定的任务和目标，不同产品的生命周期略有差异。可持续理念与产品生命周期相结合，可以指导设计者和生产者最大限度地避免环境污染"末端处理"的情况出现。在产品开发过程中，需要分析产品对环境的影响在产品生命周期的哪些阶段发生，同时要分析哪个阶段能够产生最大的影响。例如，实木材料家具对环境的影响最有可能发生在原材料提纯的阶段；而对家用电器来说，最大的环境影响莫过于在使用期间对能源的消耗。当涉及产品包装时，包装材料、包装结构及运输方式都需要分析。由此可以看出，产品生命周期中的某些关键环节是可以被设计影响的，特别是原材料选择、产品使用方式、产品寿命、使用能源类型和效率、产品超出使用寿命期限之后被怎样处理、产品如何传递功能，以及产品是不是必需品等环节。设计师的角色就是在每个环节将产品对环境的影响考虑进去，然后根据产品特性把这些影响降到最低。

4.2.2　材料选择与加工

什么材料是最好的？这个问题不是一个可以直接回答的简单问题。每种产品都面对不同的需求，所以它们对材料的选择各不相同。材料选择是产品生命周期的起点。设计师和企业应该优先选择可再生、可回收和低环境影响的材料，使用生命周期分析（LCA）工具评估不同材料的环境影响，并采用各类技术优化产品结构，以减少材料消耗和能源使用。例如，Living Ink 公司使用真菌和藻类等微生物作为原料生产生物油墨和天然颜料，用来代替传统油墨，从而减少了化学物质和有毒材料的排放。该公司生产的生物油墨产品不含重金属、石油和有毒溶剂，不仅为环境和用户的健康带来好处，还为用户提供了更自然的印刷体验。Nike 的 Flyknit 技术是一种针织工艺，能够精确地编织出鞋面形状，从而减少材料浪费，如图 4-3 所示。这种工艺不仅使鞋子更轻便和舒适，还显著降低了生产过程中废料的产生。据 Nike 称，Flyknit 技术相比传统鞋面制造工艺减少了 60% 的废料。

图 4-3　Nike 的 Flyknit 技术

4.2.3　制造与生产

产品在制造与生产阶段对环境的影响主要集中在加工过程中耗能、耗水、排放、材料浪费等方面。材料、工艺、生产设备等都会产生不同的环境影响。例如，陶瓷对环境的主要影响是高能耗的煅烧工艺；服装加工行业，主要对环境的影响是面料水洗和染色产生的污水；造纸行业对环境的影响是制浆和抄纸工艺中的高水耗和产生大量的有毒污水。因此，不同行业应该根据行业自身特点采用绿色制造工艺，减少生产过程中废弃物排放和能源消耗，优化生产流程，减少对环境的影响；建立可持续的供应链，选择具有环保资质的供应商，推动供应链各个环节实现环保和节能目标。

4.2.4 包装与运输

包装是一类非常特殊的产品，它既从属于某类产品，又是独立的产品，因为任何包装本身都具有原料加工、生产、分销、使用和处置的完整生命周期，具有独立的环境影响指标。包装设计或使用不合理也会导致严重的环境影响和资源浪费。

相对包装来说，运输过程对环境的影响更为直观。大部分产品需要借助运输工具将其运送到用户手中，这个过程会产生大量碳排放。但是，产品运输环节不能减少，可以通过产品与包装设计，节约运输空间，在相同碳排放量的情况下实现更大的运输量。例如，宜家（IKEA）的扁平化包装是一种创新的产品设计和包装运输策略，对宜家的商业模式成功起到了关键作用。扁平化包装使家具在运输和存储过程中占用的空间更少。这种方式能够将产品拆解成多个小部件，紧密排列和堆叠，从而最大限度地利用运输和仓储空间，如图4-4所示。运输费用通常是按体积和重量计算的，因此扁平化包装能够减少所需的货运车次，进而降低整体运输成本。对宜家来说，这意味着能够在同样的运输和仓储条件下运送和存储更多的产品。扁平化包装有助于减少碳足迹，因为每次运输能够携带更多的产品，从而减少运输次数和燃料消耗。这不仅降低了公司的运营成本，还减少了对环境的影响。

图4-4　宜家产品的包装形式

4.2.5 产品使用

对使用型产品来说，在大多数情况下，在使用过程中会消耗材料和能源，并产生碳排放和废弃物。因此，在使用阶段，可以通过服务系统来实现产品导向、使用导向、结果导向，延长产品使用寿命，减少不必要的能源消耗。同时，在设计时考虑产品的可维护性和可升级性，便于用户维护和升级，减少因故障导致的资源浪费，有效延长产品的使用寿命和使用效率。例如，Dyson 吸尘器设计得坚固耐用，并提供详尽的维修手册和可更换零件，方便用户进行维修和升级。用户可以更换电池、刷头等部件，而不必购买新的吸尘器。这样不仅延长了产品寿命，还减少了废弃电子产品的产生。企业还可以通过产品租赁和共享，在实现产品使用效果的同时降低资源浪费。例如，Lime 公司提供共享电动滑板车服务，鼓励城市居民以共享方式使用交通工具，如图 4-5 所示。这种方式减少了个人购买和拥有滑板车的需求，从而减少了生产和废弃产品产生的资源浪费。共享经济模式通过高效利用资源，降低了整体的环境影响。

图 4-5　Lime 公司共享电动滑板车

4.2.6　产品处置

产品处置是指在产品生命周期结束时，如何处理或处置产品的过程。有效的产品处置对于减少环境影响和资源浪费至关重要。常见的产品处置方式包括回收、再利用、焚烧、垃圾填埋和堆肥。

（1）回收是将产品分解为可再利用的材料。回收金属、塑料和玻璃等，可以减少对原材料的需求和减少垃圾填埋量。

（2）再利用是在原有用途之外找到新的用途或通过修复、翻新重新使用，旧家具翻新或旧电子设备捐赠都是再利用的实例。

（3）焚烧是在高温下焚烧废弃物，通常用于无法回收或再利用的产品。虽然焚烧可以缩小废物体积，但需要注意控制有害气体排放。

（4）垃圾填埋是最传统的处置方式，将废弃物掩埋在指定的填埋场。这种方法会占用大量土地并可能导致土壤和地下水污染。

（5）堆肥是将有机废弃物，如食品残渣和园艺废料，转化为有机肥料，既能减少垃圾填埋量，又能为土壤提供养分。

为了更好地管理产品处置，越来越多的企业在产品设计阶段就考虑处置方法及环境影响，提高产品的可回收性和再利用性。例如，企业在设计产品时就应该考虑产品的回收和再利用，使用易拆解的设计，便于产品回收处理，并建立产品回收体系，推动废旧产品回收和再利用，与回收企业合作，确保产品各个部件都能够得到有效处理和再利用。一些国家和地区还要求制造商对产品的整个生命周期负责（包括处置），制造商可能需要提供回收计划或对回收成本进行补贴。例如，苹果公司推出"Apple Trade In"计划，消费者可以将旧的 iPhone、iPad、Mac 和 Apple Watch 等设备交回苹果公司，以换取折扣或礼品卡。苹果公司对这些设备进行评估，能够翻新的设备进行翻新再售，不能够翻新的设备则拆解并回收其中的有价值材料。

消费者在产品处置过程中也扮演着重要角色。如何正确处置废弃产品，特别是电子垃圾和有害废弃物，是减少环境影响的关键步骤。许多社区和组织提供回收计划和资源，帮助消费者正确处理他们不再需要的产品。例如，TerraCycle 是一家致力于解决难回收废物的公司，与许多品牌和社区合作，提供特定产品的回收计划。例如，TerraCycle 与高露洁（Colgate）合作，设立牙刷和牙膏管回收项目，消费者可以将用过的牙刷和空的牙膏管寄给 TerraCycle 进行回收。此外，TerraCycle 还与许多社区组织合作，设立公共回收点，接受咖啡胶囊、零食包装等难以回收的物品。图 4-6 为 TerraCycle 网站。美国一些地方政府设有专门的家庭有害废物回收中心，接受油漆、清洁剂、电池、杀虫剂等有害化学品。例如，美国洛杉矶县的家庭有害废物回收中心计划定期在社区内举办收集活动，居民可以将家中的有害废物带到指定地点进行安全处理和回收。通过这些计划，社区能够减少有害化学品对环境和公共健康的威胁。

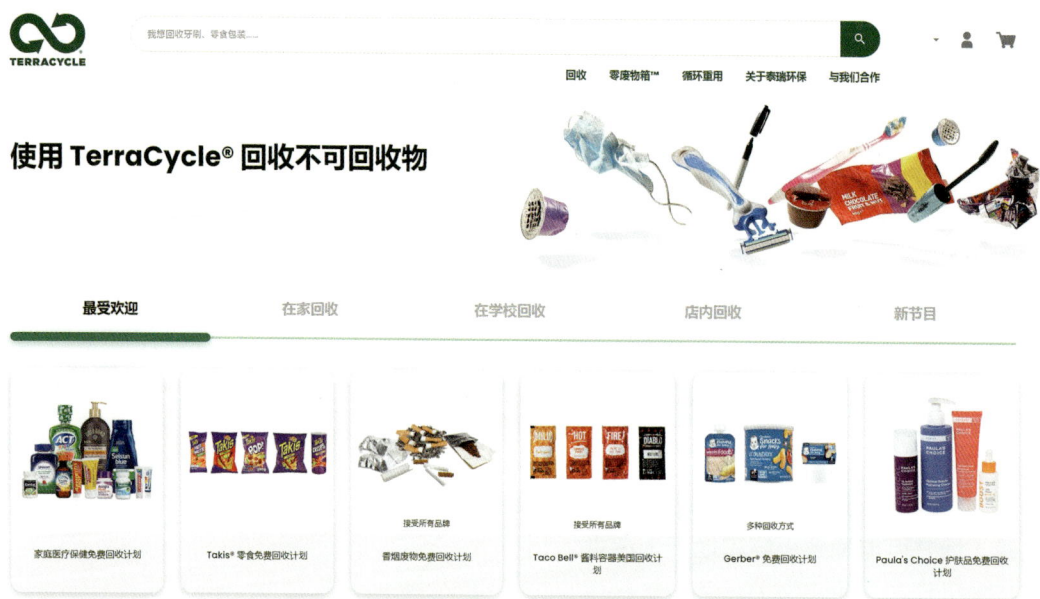

图 4-6　TerraCycle 网站

4.3 产品可持续创新设计思路及方法

产品创新设计与可持续理念结合，形成产品可持续创新设计，即在产品创新设计的过程中综合考虑设计对环境和社会的影响，识别可持续发展需求，确定产品的核心功能和性能指标，同时评估其对环境的潜在影响。产品可持续设计不是各个组成要素的简单叠加，而是各要素相互联系、相互作用构成具有一定结构特征和规律的、系统的、整体可持续的性能。因此，产品可持续设计不是达到某个属性或要素的最佳，而是达到整个产品系统的协调，满足可持续发展需求。好的设计需要满足功能性、使用性、技术、经济、法规、文化与审美等方面的需求，以可持续为目标的设计应该是多种视角与方法的集成。

4.3.1 循环再生设计

循环再生设计是一种产品的材料被重新利用、再制造或再循环，生成新材料和新产品的设计策略。

根据联合国环境规划署（UNEP）发布的《从污染到解决方案：海洋垃圾和塑料污染全球评估》报告，全球海洋塑料垃圾已经达到海洋垃圾总量的 85%。到 2040 年，流入海洋的塑料垃圾量还将增加近两倍，平均每年新增 2300 万 ~ 3700 万吨，对海洋环境和生态将带来巨大影响。为此，微软在 Windows 11 及 Surface 新品发布会上，推出一款海洋环保鼠标，其外壳 20% 的材料采用海洋回收塑料，如图 4-7 所示。

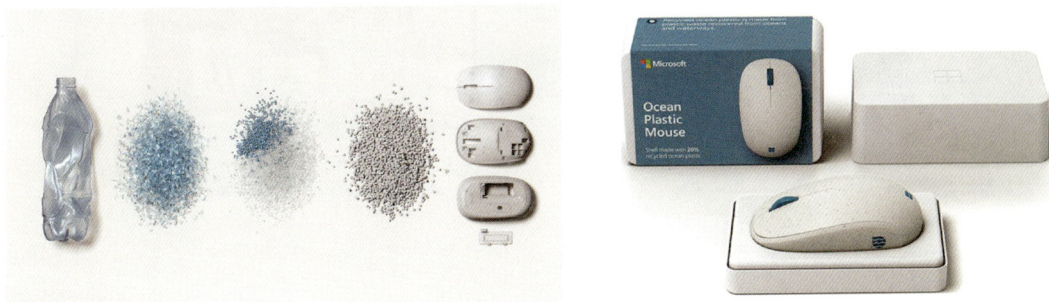

图 4-7　海洋环保鼠标

对于循环再生设计产品，消费者为"可持续"付费的意愿在很大程度上取决于再生材料是否独特，或者再生技术是否具有亮点。再生产品的面貌和价格实际上依赖上游的再生材料供应链。英科再生是一家资源循环再生利用高科技制造商，从事可再生资源回收、再生、利用业务，该公司打通了塑料循环再利用全产业链，将塑料回收再生与时尚消费品运用完美嫁接。该公司的再生塑料颗粒来源主要有两种，即废弃的塑料泡沫和饮料瓶。英科再生拥有每年处理约 15 万吨废旧塑料的产能，这些废旧塑料在回收加工后变成再生塑料颗粒，一部分成为英科再生其他再生产品的原料，一部分则卖给下游的再生企业。图 4-8 为英科再生聚苯乙烯（PS）塑料泡沫再生过程。

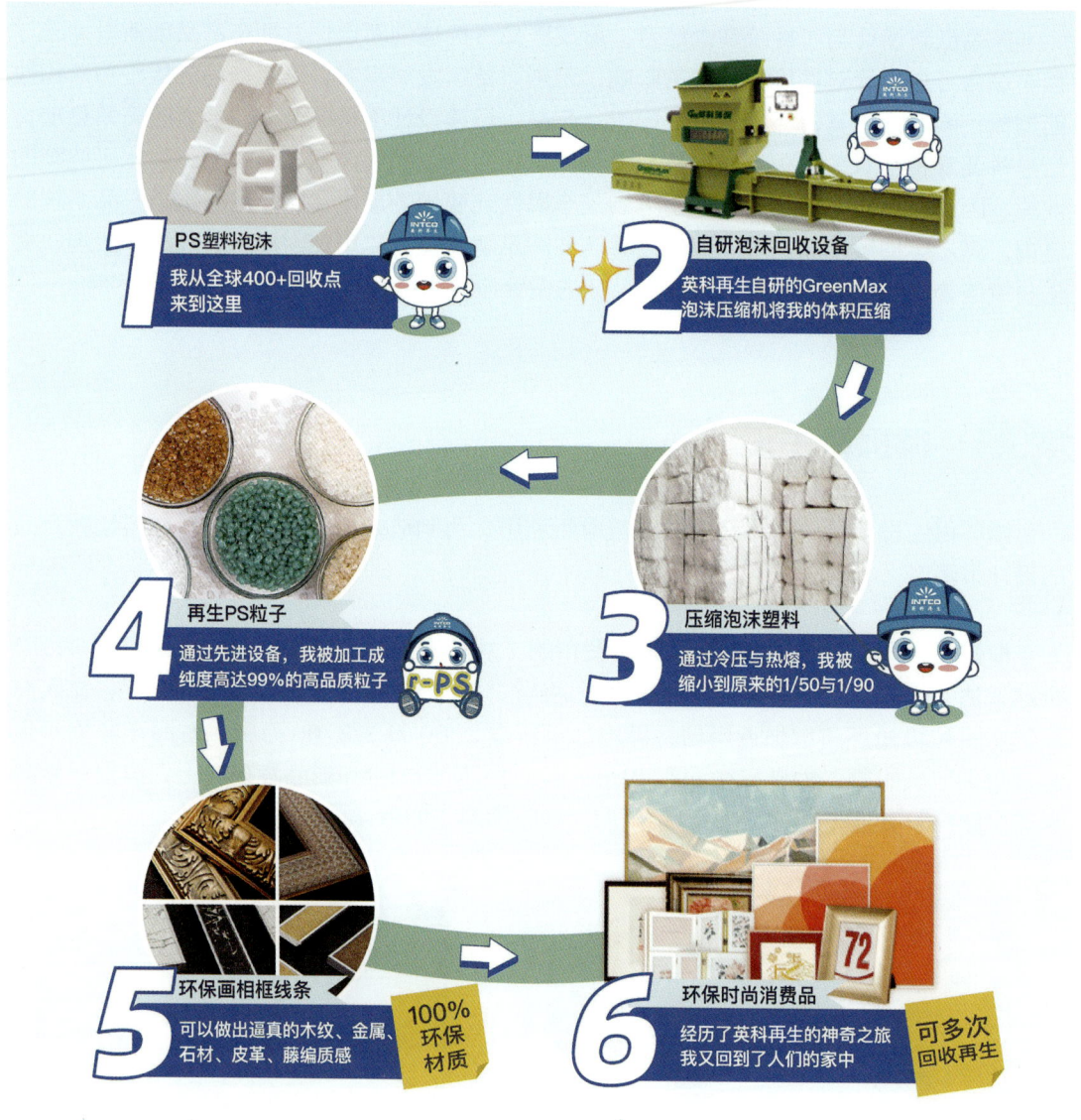

1 PS塑料泡沫
我从全球400+回收点来到这里

2 自研泡沫回收设备
英科再生自研的GreenMax泡沫压缩机将我的体积压缩

3 压缩泡沫塑料
通过冷压与热熔，我被缩小到原来的1/50与1/90

4 再生PS粒子
通过先进设备，我被加工成纯度高达99%的高品质粒子

5 环保画相框线条
可以做出逼真的木纹、金属、石材、皮革、藤编质感
100% 环保材质

6 环保时尚消费品
经历了英科再生的神奇之旅，我又回到了人们的家中
可多次回收再生

图 4-8　英科再生聚苯乙烯（PS）塑料泡沫再生过程

　　虽然塑料再生有了相应的技术，但回收却是难题。以一个饮料瓶为例，瓶盖用的塑料为聚乙烯（PE）或聚丙烯（PP），瓶身的材质一般为聚对苯二甲酸乙二酯（PET），而标签的材质一般为聚氯乙烯（PVC），三种塑料的分子结构不同，在回收再生过程中是不能混在一起的，否则会影响再生塑料的性能。再加上塑料的使用场景繁杂，仅市场上常见的

就有 10 多个不同类别的 100 多种塑料。这意味着，仅对塑料这个单一品类进行精准分类就要付出相当大的成本。另外，塑料还容易被污染。例如，塑料表面的涂层、不干胶、纸、金属、木材等杂质都会使塑料的利用率大打折扣。在回收阶段，去除塑料异味，以及清洗内含物质，要求也很高。

在循环再生设计过程中，循环再生材料需要经历五个必要阶段，即收集与运输、识别与分类、拆解或粉碎、清洗、二次原料加工。配合这五个阶段，在初始阶段的材料选择过程中，设计师应该提前考虑易于识别、收集、运输、清洁、拆卸等要素。例如，产品材料避免表面喷漆，不仅可以减少回收部件的脱漆处理工序，在耐久性与成本节约方面也更有优势。依云公司推出的无标签矿泉水瓶设计，没有任何喷漆和涂装，如图 4-9 所示。

图 4-9　依云矿泉水无标签包装

Mirra 座椅是 Herman Miller 首款从开发初期就以环保设计理念为本的办公椅。该椅由钢材、塑料、铝材、泡沫及织物构成，在产品寿命终止之后，有96% 的材料可以被回收。该椅在制造过程中还采用了 42% 的回收材料，而这些材料当中又有 31% 是从消费垃圾中取得的。Mirra 座椅在材料选择上的特点还有：所有塑料部件的制造过程都为便于回收做好准备；椅背当中的高分子成型背板最多可以回收再利用 5 次；椅子当中的织物材料有一些可以百分之百回收；包装材料包括瓦楞纸箱与聚乙烯塑料袋，这两种材料都可以回收再利用。Mirra 2 座椅传承了 Mirra 座椅的精髓，并改进了材料使用和再造等元素，进一步优化了设计，如图 4-10 所示。在重新设计 Mirra 座椅时，该公司贯彻了"物尽其用"的设计理念。设计师深入审视座椅的每个部分，用最少的材料实现性能的提升。图 4-11 为 Mirra 2 座椅材料测试。由此可见，只有让生产端和回收端相互交流，有效连接，形成"回收 – 再生 – 利用"的全产业链，才能更好地实现材料再生。

图 4-10　Mirra 2 座椅

图 4-11　Mirra 2 座椅材料测试

许多再生材料已经具有很强的功能性、美观性和多场景应用性，但在材料与产品落地方案之间还需要搭建桥梁。设计师需要多了解再生材料的性能，在材料选择上，优先选择可再生、可回收或可生物降解的材料，选择合适的材料和工艺，确保产品在可持续性和功能性之间达到平衡，通过设计让再生材料与产品完美结合，引导消费者接触、接受和使用。

但是，值得注意的是，循环再生是物品被废弃后的补救措施，属于末端处理方式。同时，在循环再生过程中（收集、运输、清洁、再造等环节）同样会造成环境影响，再生材料品质也会下降。因此，循环再生并不是可持续设计的最佳手段，更不能成为我们过度消费的借口。设计师有责任借助产品生命周期理念，探索更为有效的策略与方法。

4.3.2　重复使用

产品的重复使用是一种延长产品使用寿命的方式，是指在正常使用期后，还可以被二次或多次使用。在产品使用阶段，增加产品的使用效率和频次，有助于减少资源消耗和废弃物生成，还能为消费者提供经济高效且环保的产品解决方案。重复使用并不适合所有产品，不建议重复使用会释放有毒物质的产品。可以重复使用的产品在耐用性、可修复性和多功能性等方面都具有较大优势，利用这些优势可以最大限度地延长产品的使用寿命。

重复使用设计的原则包括耐用性、可修复性、多功能性和模块化设计。耐用性要求设计时注重产品的质量和坚固性，使其能够经受长时间的使用而不易损坏。可修复性强调产品设计时应考虑到易于修复和维护，使用户能够轻松替换损坏的部件或进行修理。多功能性要求产品具有多种用途或可转换的功能，使其在不同情境下都能发挥作用。模块化设计则是通过模块化设计手段，使产品的不同部分可以独立更换和升级，延长产品的整体使用寿命。

重复使用设计可以根据产品自身特点分别在材料选择、设计过程、制造过程和用户习惯培养等阶段实现。在材料选择方面，选择高质量、耐用且易于维护的材料，确保产品能够长时间使用。在设计过程中，要考虑到产品的多功能性和可修复性，确保产品在不同使用场景下都能发挥作用。在制造过程中，注重质量控制，确保产品的耐用性和可靠性。此外，通过用户习惯培养，使用户提高重复使用产品的意识，也可以延长产品的使用寿命。

在实际应用中有许多产品重复使用设计的成功案例。例如，在家用电器方面，设计具有可拆卸和可替换部件的家用电器，可以延长其使用寿命。在家具设计中，使用高质量材料和模块化设计，使家具易于维修和重新组装。在服装与配饰方面，设计耐用且经典的服装和配饰，避免快时尚带来的浪费。在电子产品方面，开发易于升级和维修的电子产品，如模块化手机和笔记本电脑，使其在技术更新时无须完全更换。

1. 日用品重复使用设计

日用品的重复使用很常见，主要是使用者的个人行为。个人使用者的主动性与创造性对于日用品的重复使用至关重要。设计师可以提前规划好物品重复使用的功能，如预留接口、提供新配件等，来促进日用品的重复使用。

鼓励和引导使用者重复使用的日用品设计在我们身边有很多。使用布制购物袋代替一次性塑料袋是一种简单有效的方法。布制购物袋不仅可以多次重复使用，耐用且便捷，还减少了塑料垃圾。例如，Baggu 生产的布制购物袋不仅设计时尚，还非常耐用。它们可以折叠成小包，便于携带，能够承受较重的物品，适合替代一次性塑料购物袋，如图 4-12 所示。

图 4-12　Baggu 布制购物袋

产品的重复使用设计不仅是针对产品本身的设计，还包括针对与产品配套的服务系统的设计。20 世纪末期，英特飞模块地毯有限公司推出"长青租赁"(Evergreen Leasing)服务系统。该服务系统的部分内容是将地毯租借给客户，同时向客户逐月收取租金。也就是说，客户并不需要购买地毯。与此同时，英特飞模块地毯有限公司承担对地毯进行终生保养的责任，包括翻新、替换破损的地毯砖，并免费定期提供轮流交换高使用率区域（如走道）和低使用率区域（如桌子下面和家具下面）的地毯砖的服务。在地毯砖完成自己的使命之后，会被回收利用、降等利用或改为他用。如果回收的地毯砖品相良好，就会在清洁后被捐赠给非营利组织，再次利用；品相中差的地毯砖将被再次加工。英特飞模块地毯有限公司还一直持续开发经久耐用、支持可持续发展的产品。这些产品的特点是：用更少的材料体现更高的价值；最大限度地减少垃圾制造量；用可翻新或可回收的材料进行制造；拥有超长的使用寿命。

德国 Mewa 公司向工业公司、印刷厂和维修厂提供可重复使用的棉质百洁布，回收客户用脏的百洁布。其服务内容包括交付、回收、清洗、替换百洁布。按照与客户协商好的使用周期，公司服务人员定期用干净的百洁布替换客户用脏的百洁布。在交付过程中，这些百洁布被集中放置在专门的安全容器内。在采用最新技术的洗衣间进行洗涤之后，这些百洁布被再次交付给客户使用。每件百洁布的循环使用寿命高达 50 次。尽管市场上还销售更便宜的一次性擦洗布，但不断增长的一次性旧擦洗布的处理成本使 Mewa 公司的该项服务备受欢迎。事实上，在德国百洁布行业，Mewa 公司已经成为市场的领导者。此外，该公司不仅提高了租赁服务水平，而且能够将用过的材料回收再造。残留在布料里的洗涤剂被再次回收，并利用于清洗过程。在整个清洗和甩干过程中，水和能源都被反复利用，而污水中的油则被回收用于 Mewa 工厂的能源生产。污水经 Mewa 工厂处理后足够清洁，达到了城市污水处理厂的处理标准。

2. 产品部件的重复使用

产品部件的重复使用是重新利用现有产品组件的一种方法。这样不仅可以延长产品的生命周期，还可以减少浪费、节省资源、保护环境。产品部件重复使用时，部件必须是耐用的，标准化、规范化，具备互换性；部件具有高附加值；部件拆卸技术稳定；用户对再制造产品认同；整个再制造和重复使用过程符合相关的法规。苹果、戴尔、宜家等很多企业承诺产品寿命终结时回收，并重复利用性能完好的部件。对大众消费者来说，重复使用的前提是保证产品的安全性、功能性和综合品质。随着大众环保意识的加强，以及设计、制造技术的提升，消费者对产品部件的重复使用逐渐理解并接受。

在汽车行业中，政府、制造商和维修行业等长期以来都在思考和推进零部件的重复使用。例如，加强针对拆卸、重复使用和循环的设计，特别是报废汽车、零件和材料的再循环，是减少制造新零件资源消耗的重要途径。例如，许多汽车制造商提供再制造的引擎和变速箱，这些部件经过彻底检查、清洗和修复，与新部件一样性能可靠。此外，旧的汽车零部件，如发电机、启动器和制动卡钳，通过更换磨损部件和修复功能性损坏后，可以再次使用。这种做法不仅节约了制造新零件的材料和能源，还减少了废旧汽车零部件产生的垃圾量。"RE-Factory"计划是雷诺集团在汽车循环经济方面采用的策略，该公司在法国建立了一个专注回收和再制造的工厂，处理包括车辆和电池在内的多种产品。该工厂与再循环部门协调，将所有能够延长车辆寿命及拓展其用途的活动集中在一起，以确保在同一地点有效管理废旧零部件和材料的流动。同时，借助车辆和材料耐久性测试和原型中心，丰富车辆设计，并在使用过程中提出改进建议。

在电子产品行业中，智能手机、计算机等设备的部件重复使用较为常见。电子产品部件在重复使用前的拆解环节是各大电子产品企业的一个重要生产环节。部件拆解的质量直接影响部件利用率和拆解成本的转化。苹果公司为了更好地将回收手机的零部件及材料循环使用，研发了 Liam 和 Daisy 拆解机器人，专门用于拆解 iPhone，以便回收其内部的贵金属和其他材料。Liam 每小时可以拆解数百万台 iPhone，并将金、银、铝等材料回收再利用。诺基亚在产品拆卸和回收方面采用非接触式热激活机制，在类似激光的集中热源作用下，机体内的形状记忆合金（SMA）驱动器被激发，手机内部保护壳被打开，电池、显示屏、印刷电路板及其他机械组件相互分离，然后按不同材质进行分类回收。

日本理光（Ricoh）公司推出一揽子协议"Pay per Page Green"，协议内容包括安装、维护并收集报废的打印机和复印机（客户无所有权）等。客户按照页数支付打印费和复印费。理光与客户之间的这种新型互动关系激发了其提供或设计持久、可回收利用的复印机的兴趣，期待以此获得经济利益。理光复印机的所有元件经过检测，有用的元件被重新加工利用或直接用来制造新的复印机，对破损的元件直接进行回收。理光旗下的产品，其元件具有兼容性，可以适用于不同型号的产品，这些做法促进了整个再利用或再生产过程。

日用品小部件通过设计也可以实现重复使用。可口可乐公司联合奥美公司做了非常有创意的 16 款瓶盖设计，能够让用过的饮料瓶重要部件——瓶盖拥有第二次被利用的机会，即"第二次生命"创意瓶盖。这些瓶盖类型包括彩笔、削铅笔刀、哑铃、洗手液喷头、喷水枪、儿童吹泡泡玩具、夜灯、辣酱喷头等，如图 4–13 所示。客户购买饮料时，商家可以附送不同的瓶盖，既可以延续对饮料瓶的使用，又可以增加与客户的互动。

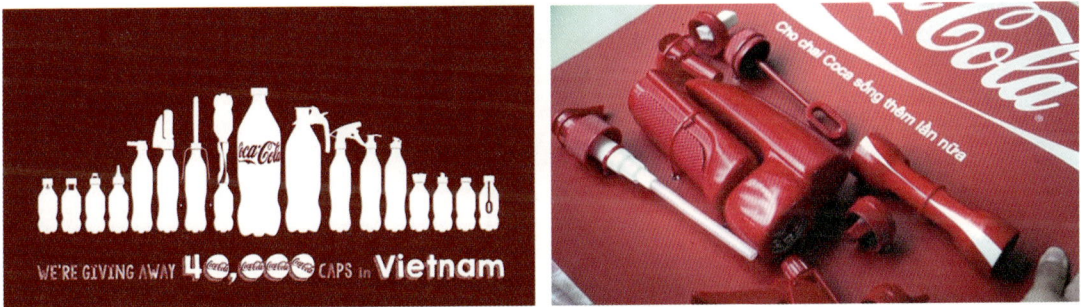

图 4-13   "第二次生命"创意瓶盖设计

家具行业的部件重复使用主要体现在模块化和可拆卸家具中，此类家具可以在不同家庭或场所重复使用，以延长其使用寿命，减少对木材等资源的消耗。Vitsoe 公司的 606通用货架系统是一套可以不断发展并适应不同环境和空间的家具。没有两个订单是相同的。用户可以购买单个货架或整套货架。货架有两种可用的间隔宽度，宽窄可以根据需要调整，以适应几乎任何可用空间。例如，18 米宽的墙壁有 27 种可能的货架组合，可根据环境和需求任意搭配。606 货架展示效果，如图 4–14 和图 4–15 所示。模块化设计使产品易于拆卸和组装，不仅便于维修和升级，还能使部件在不同产品之间互换使用，提高重复使用率。

图 4-14　606 货架展示效果（1）

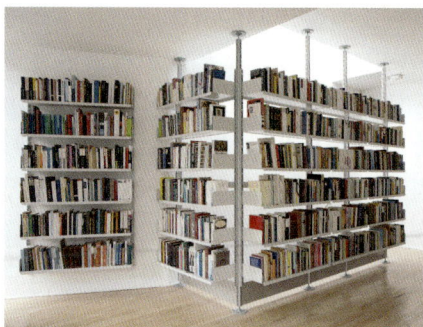
图 4-15　606 货架展示效果（2）

3. 产品包装的重复使用

包装的重复使用是指在初次使用后再次利用包装材料或容器，而不是将其废弃。这个过程不仅可以延长包装材料的使用寿命，还能减少废弃物的产生，节约资源。"打酱油"一词源于 20 世纪人们的生活习惯和细节。当时，人们家中油、盐、酱、醋、茶等日常消耗品用完了，会用原来的瓶子、罐子、袋子等去购买。部分护肤品的包装也是可以反复使用的。例如，万紫千红润肤脂小铁盒，与塑料包装相比，便于携带，在当时被大家反复使用，如图 4-16 所示。由此可以看出，包装的重复使用与设计优劣和使用者的习惯都有关系。

图 4-16　万紫千红润肤脂包装

随着经济的发展和人们生活水平的提高，出于各种原因，惜物的美德不再多见。如何通过设计，让人们重拾勤俭节约的绿色生活方式是设计师需要思考的问题。包装完成使命而本身依旧完好无损，重复使用就成为可能。通过产品设计，提高包装本身的耐用性、易用性等，再配合商业模式，就可以有效实现对包装的重复使用。

目前，常见的包装重复使用方式包括回收和再利用、零售和批发中的重复使用，以及可再填充和再装配包装。在回收和再利用方面，常用于饮料和食品包装的玻璃瓶、塑料容器，可以通过生产商设立回收计划，由企业统一回收，进行专业清洗和消毒后重新灌装使用。例如，我国咖啡品牌三顿半推出包装回收计划——返航计划。该计划是三顿半回收咖啡空罐的长期计划，每年开展两次，用户可以通过专属小程序进行预约，在指定的开放日，前往各城市设置的返航点，用空罐兑换主题物资，回收的空罐也将再利用制成生活周边产品，如图 4-17 所示。该公司对这些材料进行分类处理，确保资源得到有效再利用。通过这一回收计划，该公司希望带动更多消费者关注环保，践行绿色生活方式，推动循环经济发展，为可持续发展贡献力量。

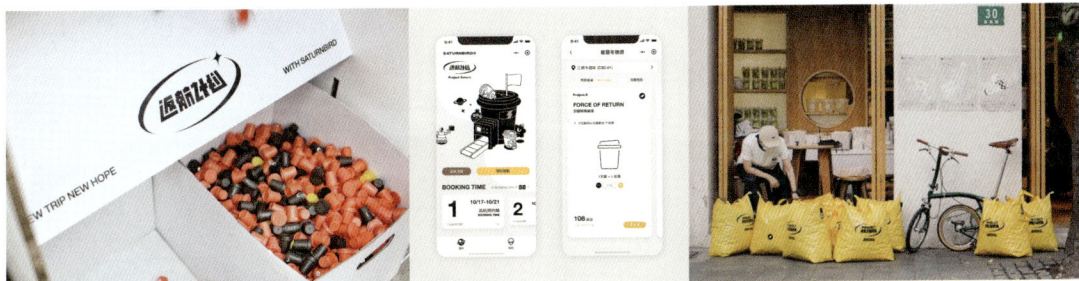

图 4-17　三顿半包装回收计划——返航计划

意大利的赛吉斯 (Segis) 公司对于其生产的家具整个生命周期都进行全面的考量。该公司着重考虑使用的材料和材料的耐久度，以及运输当中的保护措施。如果使用传统的运输方式，每个硬纸板箱可以装 4 把椅子，一辆卡车可以运送 150 个硬纸板箱，即 600 把椅子。按照每年平均 4 万件产品的订单数量计算，每年必须有 1 万个硬纸板箱被 70 辆满载的卡车运到 900 千米以外的目的地。这样会耗费相当数量的资源，包括材料和汽油。为了改善这种情况，赛吉斯公司分析了运输过程的细节，设计了一系列支架。借助这种支架，可以将 20 ~ 30 把椅子堆叠在一起，如图 4-18 所示。这样的堆叠在没有包装箱和其他保护措施的情况下也是可以安全运输的。这样一来，每辆卡车就可以运送 1000 ~ 1100 把椅子，超出了传统方式运输的 600 把。这样的支架不仅节省了制造、运输硬纸板箱带来的成本，而且需要运送椅子的卡车车次也减少了将近 50%。这一举措将产品的劳动力和成本节省了 15%，而且减少了数量可观的环境污染和材料消耗。这种成本低廉的支架可以回收，也可以留在收货地继续用来放置、收纳椅子使用。

图 4-18　赛吉斯公司椅子运输支架

在零售和批发业中，托盘和货架在物流和仓储中被反复使用，运输中使用的包装箱也是常见的反复使用的包装形式。京东物流推出"青流箱"计划，采用可重复使用的塑料箱进行快递运输。这些"青流箱"设计坚固耐用，使用寿命长，可以多次循环使用，如图4-19所示。消费者在收到快递后可以将空箱返还给京东，进行清洗和再利用。"青流箱"的使用有效减少了一次性纸箱和塑料袋的使用量，降低了包装废弃物的产生。

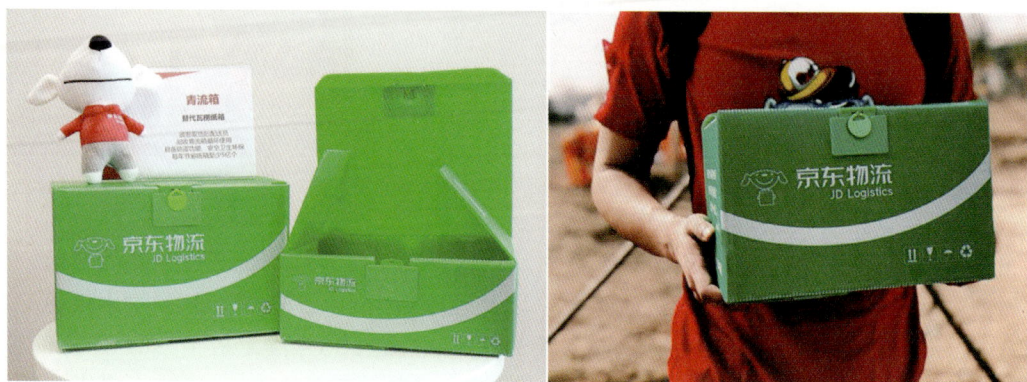

图 4-19　京东物流"青流箱"计划

在填充和再装配包装方面，在一些超市和专卖店，消费者可以用自己的容器到再填充站购买散装商品，如洗发水、洗衣液和食品。2021年8月，美体小铺（The Body Shop）在法国开设全新概念可持续商店，新概念名为"活动家创客工作坊"（Activist Maker Workshop），旨在激励更多的人成为拥抱可持续生活方式的积极分子。这些概念可持续商店中设置了再填充站，消费者可以携带自己购买的美体小铺提供的可重复使用的专用铝制瓶子，也可以用自己带的空瓶子来填充站购买"填充物"。填充站为消费者提供常见的日用品再填充服务，如沐浴露、洗发水和护发素，如图4-20所示。消费者将空瓶子放在填充站的机器上，选择所需的产品，然后按需求进行填充，系统会按填充的产品和数量计费。美体小铺通过各种渠道教育和鼓励消费者参与环保行动，在店内设置宣传展示内容，讲解再填充和回收计划的重要性和具体操作步骤，并利用社交媒体和官网平台，发布环保知识、再填充服务使用指南和成功案例，吸引更多消费者参与。他们还举办各种环保主题活动，如环保工作坊、社区清洁活动等，以增强消费者的环保意识和参与感。

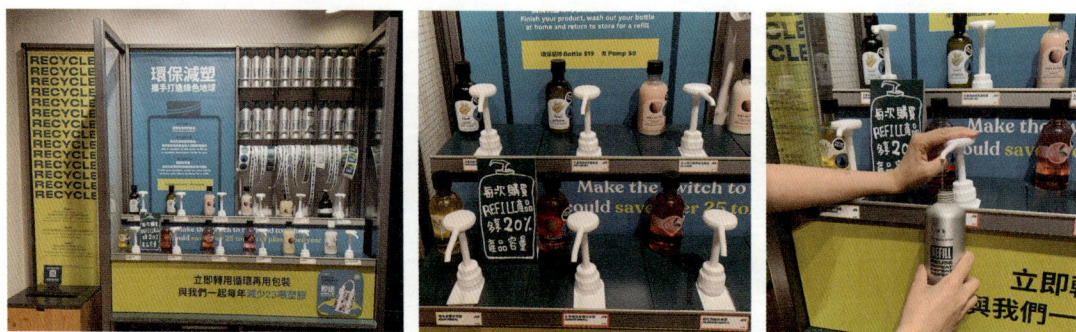

图 4-20　美体小铺填充站

包装的多功能性设计也增加了被反复使用的机会。例如，一种包装可以适用于不同种类的产品，或者经过简单调整后适应不同需求。用户友好性同样不可忽视，易于操作和使用的包装设计能够提高消费者和企业的接受度，如方便的开关装置、轻便的结构和直观的使用说明。随着咖啡消费群体的日益扩大，个性化设计的胶囊咖啡产品正逐步赢得年轻消费市场的青睐。众多传统咖啡品牌纷纷转型，以创新的胶囊形式推出冷萃咖啡，其精致包装不仅激发了消费者的购买欲望，还提高了用户友好性。Toy Brick Coffee 将独立的胶囊咖啡变为可玩的、可堆叠的积木，如图 4-21 所示。设计团队从乐高积木中获得灵感，利用童年回忆，营造出熟悉和温暖的感觉，赋予消费者新的互动体验。消费者可以像玩积木一样享受咖啡的冲泡过程，增加了使用的乐趣。该公司将每个独立的胶囊咖啡包装转化为既具有趣味性又具有实用性的堆叠积木。此设计不仅适用于全新包装，即便是已经使用的胶囊外壳，也能被赋予新的生命力，鼓励用户以创意方式参与其中，从而延长产品的价值链条，并符合可持续发展的理念。

图 4-21 Toy Brick Coffee 胶囊包装

标准化和模块化设计也是重复使用包装的重要特点。模块化设计便于更换损坏的部件，如盖子或密封圈，从而延长包装的使用寿命。梅森罐（Mason Jar）是一种多功能的玻璃罐，最早在 1858 年由约翰·兰迪斯·梅森发明。它由高质量的厚玻璃制成，具有耐热和耐压特性，具有透明的玻璃罐身、螺旋口和金属盖，提供优异的密封效果。梅森罐最初用于食品保存，特别是果酱、泡菜和酱菜等罐装食品。现代梅森罐的设计和用途不断创新，同一瓶体可以配带吸管孔的饮料盖、撒粉盖和喷雾盖等不同瓶盖，增加了使用的便利性，如图 4-22 所示。

图 4-22　Ball 品牌梅森罐

　　包装的重复使用有许多优势，但在推广过程中仍然面临一些挑战。使用重复包装会面临卫生和安全、物流和管理成本、消费者习惯的改变等挑战，需要提高消费者对重复使用产品的接受度。在设计方面，重复使用的包装设计可能需要更复杂的设计和生产过程，增加初始成本和时间。经济性也是重复使用包装设计的重要考量因素，尽管初始投入可能较高，但在长期使用过程中可以达到降低成本的效果。因此，设计需要考虑整体经济效益。随着技术的进步和人们环保意识的增强，重复使用包装的应用范围和普及程度有望进一步扩大。

4.3.3　升级再造设计

　　产品升级再造是将废旧材料或废弃产品转变为新的、高价值产品的过程。与传统的回收不同，升级再造并非只是将材料分解再利用，而是通过设计和创意提升原有材料或产品的价值。它通过收集废旧材料和产品，进行清洁、拆解和分类，再运用创意和设计，将这些旧材料重新组合和改造，使其具备新的功能和美学价值。这一过程通常需要涉及切割、焊接、缝纫和涂装等工艺，最终将设计转化为实际产品。这里讨论的升级再造设计不包含材料的回炉、提炼等化学方面的二次加工过程，主要围绕材料、部件属性、形态、结构等特性进行"可用性"挖掘。

　　升级再造设计的关键在于功能性设计、美学价值和创新性。

　　首先，改造后的产品必须具备实用功能，以满足用户需求。其次，美学设计要突出产品的外观吸引力。最后，每件产品都应该是独一无二的，通过创新设计突出其独特性和个性。Freitag 是时尚产业中用废弃的卡车篷布作为材料的环保品牌，"再造"概念可以说是该品牌的核心。卡车篷布是一种塑料编织布，具有防水效果。Freitag 在欧洲各地收集质量优良、颜色丰富且涂层质感、面料厚度、图案风格各不相同的篷布，制作独一无二的箱包产品。Freitag 的设计不仅满足了城市骑行者和通勤者对箱包防水、耐磨、容积大、携带方便等功能性需求，还减少了卡车篷布的浪费。其产品极具辨识度，受到消费者的喜爱，如图 4-23 所示。同时，Freitag 在苏黎世的旗舰店，是用集装箱制造的，把废弃的集装箱改造成门店。这种门店在造型上足够吸引人的眼光，更重要的是让人一眼就能看出这个品牌想要传达的再造设计和环保理念，如图 4-24 所示。

图 4-23　箱包品牌 Freitag

图 4-24　Freitag 苏黎世旗舰店

　　在家居装饰领域，废弃的玻璃瓶、罐子和旧报纸被改造成花瓶、灯罩和装饰品的案例处处可见。TranSglass 系列环保玻璃瓶摆件是 Artecnica 设计公司最畅销的产品。凭借再生原料和光滑、流线型的设计，TranSglass 系列环保玻璃瓶摆件传达出积极的环保态度，每个摆件都是独一无二的作品，如图 4-25 所示。

图 4-25　TranSglass 系列环保玻璃瓶

升级再造设计被具有环保理念的品牌推崇，主要优势在于其对环境、经济和社会的多重效益。

首先，升级再造减少了垃圾填埋和焚烧，降低了对环境的污染，并减少了对原材料的开采和加工，从而降低资源消耗和碳排放。其次，通过利用低成本的废弃物料，降低了生产成本，并创造了新的市场和商业机会，满足了追求环保的消费者的需求。在社会效益方面，升级再造有助于提高公众的环保意识，推动可持续消费，并创造就业机会，特别是在手工艺和创意设计领域。

尽管升级再造设计具有显著优势，但也面临一些挑战。材料来源和质量控制是首要问题，确保废旧材料的稳定供应和质量也至关重要。此外，提高消费者对升级再造产品的认可度和接受度也是一大挑战。产品的升级再造设计是一种环保和具有可持续性的生产方式，更是一种充满创意和创新精神的设计理念。

4.3.4　减量化设计

减量化设计是指降低产品、服务与活动中的材料与能源消耗，同时减少有害物质的排放。减量化设计是最接近源头治理的一步，也是在产品生命周期设计中最关键的一步。减量化是减少不必要的材料、能源、人力和资金的消耗，但不代表生活品质的损失。从设计师的角度来看，减量化意味着给人们提供更适用且耐久的产品，减少不必要的烦琐操作和频繁的更换与废弃产品。

1. 减少材料消耗

减少材料消耗是指在整个产品生命周期的各个环节减少材料的使用量。任何材料、加工过程和人工都有成本，减少产品体量和材料用量，等于同时降低了材料和加工、运输成本。减少材料消耗的设计可以从产品的小型化和轻量化入手，直到非物质化设计，如利用数字技术实现物质性产品的部分替代。

在产品制造环节进行减量化设计，对于降低产品的环境影响是决定性的。设计师可以从以下四点向减量化设计方向努力。

（1）设计小而轻。

在保证功能性和使用性的前提下，尽量开发小而轻的产品，在节省材料的同时降低物流运输费用。

（2）减少部件数量和材料种类。

制造产品时只应用一种材料几乎是不可能的，但在设计中运用尽可能少的材料种类确实可以解决后续的一些问题。减少使用的材料种类和数量，能够帮助提升产品在寿命结束后回收之前的处理效率。如果产品的构成组件材料为一种材料，在其寿命结束之后的拆卸流程就不会像在制作过程中装配许多不同部件那么复杂。由此可以看出，减少部件数量和材料种类可以简化制造流程，降低装配和拆解的难度，提高效率。例如，可以随意组合的BUILD 搁架，以"Sky is the limit"为广告语，如图 4-26 所示。它用一种高强度的轻量塑料制成，安全、无毒。每个模块都是扁平的六边造型，精密的设计保证每个模块都可以用三角钉牢牢地固定起来。这些模块不仅可以单独使用，当作桌子、座椅，还可以任意拼接使用，放在地上，挂在墙上，造型丰富，材料单一，在再利用之前不需要进行任何特殊处理。

图 4-26　可以随意组合的 BUILD 搁架

（3）降低加工复杂度。

在产品制造中尽量减少电镀、印刷、烫金等工艺，这些复杂工艺不仅制作成本高、难度大，还增加了对环境的影响，尤其电镀工艺会导致重金属等有毒物质溢出的危害。

（4）优化结构设计。

合理、巧妙的结构设计对减量化目标的实现至关重要。例如，通过设计手段有效增加单一材料的强度，从而达到减少材料种类、节约材料使用量、降低加工难度等目标。19世纪，设计师德莱赛在自己设计的器皿中就体现了这一理念。银的质地较软，易变形。德莱赛在不使用其他固型材料的前提下，将银质瓶口进行卷边处理，在节约材料的同时增加了瓶口的强度，还提高了美观度，如图4-27所示。

图 4-27　德莱赛设计的水瓶

2.降低能源消耗

降低能源消耗主要体现在产品制造、运输与存储，以及产品使用等重要环节。在产品制造阶段，降低能源消耗主要是通过不断技术创新实现的。降低运输和存储过程中的能源消耗有赖于细节设计、技术升级和管理水平的提高。产品使用过程中的能源消耗还受使用者习惯的影响。

例如，对家用耗能产品来说，不同的使用方式对环境和社会造成的影响会有差异。用洗衣机洗衣服对环境的影响，与洗衣服的频率、一缸要洗多少衣服、洗衣时选择的洗衣模式，以及用多少洗涤剂这些变量是直接相关的。同样，烹饪对环境的影响和人们的饮食习惯及烹饪习惯息息相关。例如，炖菜是否盖锅盖，烤箱预热多久，用完微波炉是否拔掉电源等。

对使用者而言，掌握更多的节能知识与养成良好的节能习惯同样重要。

在产品使用阶段，设计师有机会影响用户的行为，通过设计引导消费者做出更负责任的行为。一些家用电器被用户习惯性地连接电源，即使处于闲置状态，依旧在耗电。尽管每个电器的能耗微不足道，但大量电器长时间的待机功耗是惊人的。设计者可以思考如何给使用者提供直观的节能提示与诱导，如设计待机能耗显示界面，以提醒使用者主动关闭电源，降低能源消耗。

3.无害化设计

无害化设计是在产品、系统、设施或工艺的设计阶段，通过技术和管理措施减少或消除对环境、人体健康或社会的有害影响。其核心原则包括尽量使用无毒或低毒材料、减少资源消耗并提高能源利用效率、减少废弃物产生、确保排放对环境影响最小等。

当然，我们也不能对材料存有过多的幻想。即使材料本身是无害的，其生产过程还是可能产生负面的环境影响。例如，竹材环保，但竹板材生产需要使用黏合剂，消耗能源。对新型生态材料来说，即使对材料来源、添加剂与生产过程严格把关，也有可能因为不恰当使用与处置造成环境问题。此外，可再生能源本身是清洁的，但获取能源的设备仍然会消耗能源并产生碳排放。因此，无害化设计并不是绝对的，其无害程度需要对其生命周期完整过程进行评估。

咖啡是意大利人的灵魂饮品，消费量巨大。都灵理工大学与意大利最大的烘焙咖啡生产商之一 LAVAZZA 合作探索咖啡渣的资源化再利用过程。该项目运用系统设计原则和方法，首先对区域经济、文化特征进行综合研究，其次聚焦咖啡产业链各流程的物质流与技术分析。研究者发现，咖啡渣的重复利用可以分为以下三个步骤。

（1）制药原料。

利用传统提炼咖啡因的工艺，从废弃的咖啡渣中提取脂质和蜡，供制药厂使用。

（2）种植蘑菇。

脂质提取过程会产生一种致密糊状物，可用于制作营养丰富和具有药用价值的食用蘑菇的基质。

（3）做肥料。

蘑菇种植完成后，用完的基质可以进一步用于培育蠕虫，进行蚯蚓堆肥。

该项目的重点是，对将咖啡渣用于蘑菇种植的一系列流程与利益相关方的合作关系进行规划和设计。其运作模式是从大量酒吧和咖啡厅中收集咖啡渣（输出物），在当地研究实验室的支持下，以咖啡渣和其他辅料为基质（输入物），进行蘑菇实验性生产，并获得收益，如图 4–28 和图 4–29 所示。在社会企业 II Giardinone 的持续推进下，2015 年收集的 1500 千克 LAVAZZA 咖啡渣生产了 150 千克品质优良（蛋白质含量高于按照标准方法培育的其他蘑菇）的蘑菇（平菇），用过的蘑菇渣基质又被用作种植蔬菜的肥料，蔬菜的产量因此提高了两倍。2016 年，该项目推出"Fungo Box"咖啡渣蘑菇培育包，如图 4–30 所示；2019 年又推出用咖啡渣制成的 Coffeefrom 咖啡杯，如图 4–31 所示。

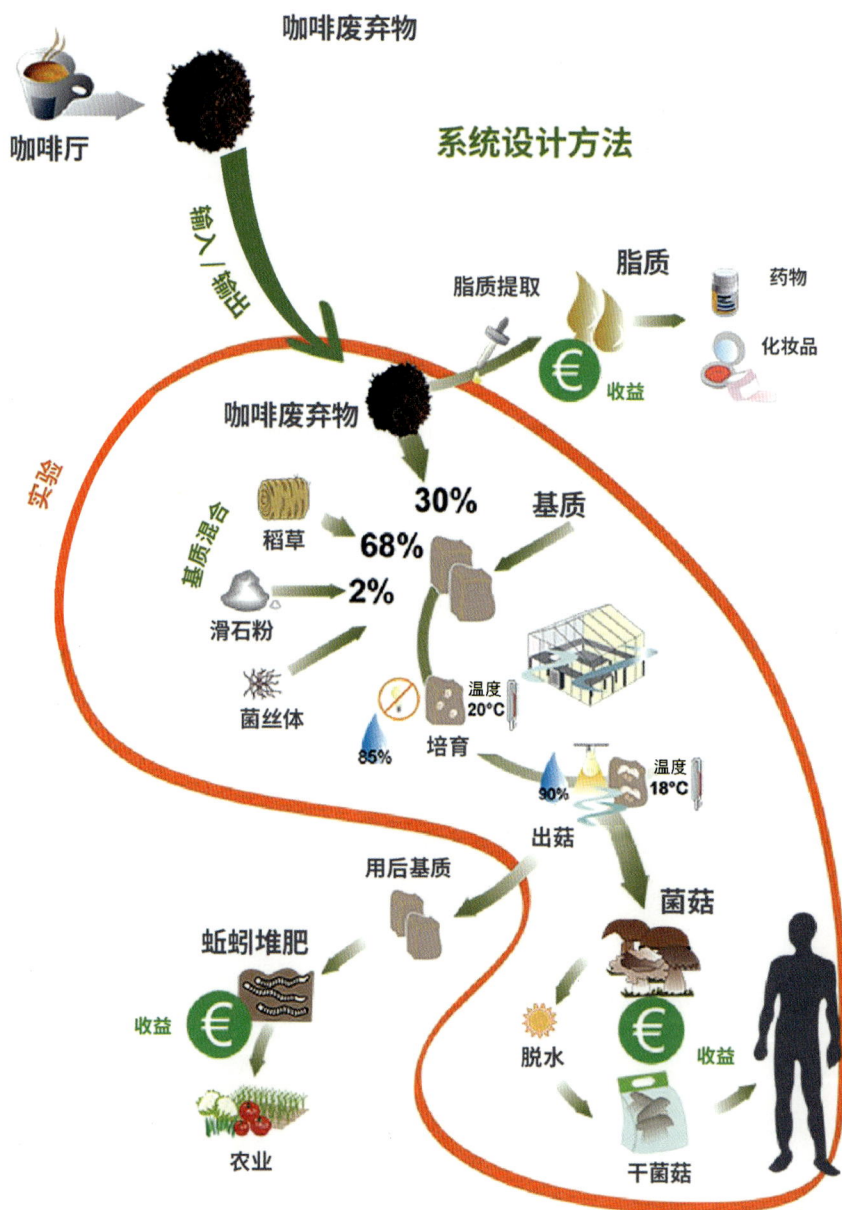

图 4-28 咖啡废料研究

（图片来源：dariotoso.it）

图 4-29　利用咖啡渣、稻草、灰质组成的基材种植蘑菇
（图片来源：dariotoso.it）

图 4-30　"Fungo Box"咖啡渣蘑菇培育包

图 4-31　用咖啡渣制成的 Coffeefrom 咖啡杯

4.3.5　消费者可持续教育

通过前面对产品可持续设计方法的分析，可以看出产品的可持续使用与消费者的接受度是分不开的，提高消费者对可持续设计产品的认可度和接受度是产品可持续设计发展的一个重要辅助因素。国家可以通过对消费者的可持续教育来培养公众的环保意识，推动社会消费模式和生产模式转变。可持续教育是指通过系统的教育和宣传，提升消费者对可持续发展理念的认识和理解，促使其在日常生活中做出更加环保和负责任的选择。

消费者可持续教育包括多个方面的内容，设计师在每个方面都有不同的角色。

1. 普及环保知识

设计师可以用视频、音频等方式通过学校、社区和媒体等途径，向公众讲述环境保护的重要性和基本知识。例如，自生植物画像（Profiles of Spontaneous Urban Plants）描绘城市一些容易被忽视的空间里存在的数量庞大的自生植物，设计师借此引导公众认识并主动参与对本土原生植物的发现与保护，如图 4-32 所示。在项目前期，设计师在街道上用荧光颜料标识出一些常见的城市自生植物，并在旁边放置标牌，展示相关知识，以吸引公众的注意。同时，设计师单独拍摄每株植物并制作成精美的标本页，在画面中展示花朵或种子的细节放大图，并附有植物原产地、生长环境偏好、生态功能和文化意义。该项目后期又推出吸引公众参与和编辑的线上数据库。用户将发现的植物照片上传到网站，并记录位置。经过识别和分类，图片被标识出所具有的各类生态服务功能，如提供野生动物栖息地、减少热岛效应等。该项目引发了公众对城市自生植物价值的广泛讨论，实现了普及环保知识的目的。

图 4-32　自生植物画像

2. 进行具体的行动指导

设计师可以向消费者提供如何在日常生活中减少碳足迹和资源浪费的实用建议，如节能减排、垃圾分类、减少塑料的使用等。

Pavegen 是一种基于步态能量转换技术的新型城市能源解决方案，通过将人们的步态能量转换为电能，为城市提供一种全新的可再生能源来源。人们走在 Pavegen 地砖上，就能够产生能量，这些能量可以被储存起来，用于城市照明、通信等方面，如图 4-33 所示。Pavegen 的出现不仅为城市能源的可持续发展提供了新的思路和方法，也让市民可以积极参与到节能减排行动中，为社会创新设计领域带来新的机遇和挑战。

图 4-33　Pavegen 地砖

BallotBin 是一种基于公共场所投票箱的垃圾分类解决方案，它将垃圾分类与投票相结合，实现了普及和推广垃圾分类的目的。在 BallotBin 投票箱上，人们可以通过投票的方式，表达自己对垃圾分类的看法和态度，如图 4-34 所示。通过这种方式，BallotBin 不仅为人们提供了一种全新的垃圾分类方式，还为公共场所的民主参与和公共教育提供了新的思路和方法。

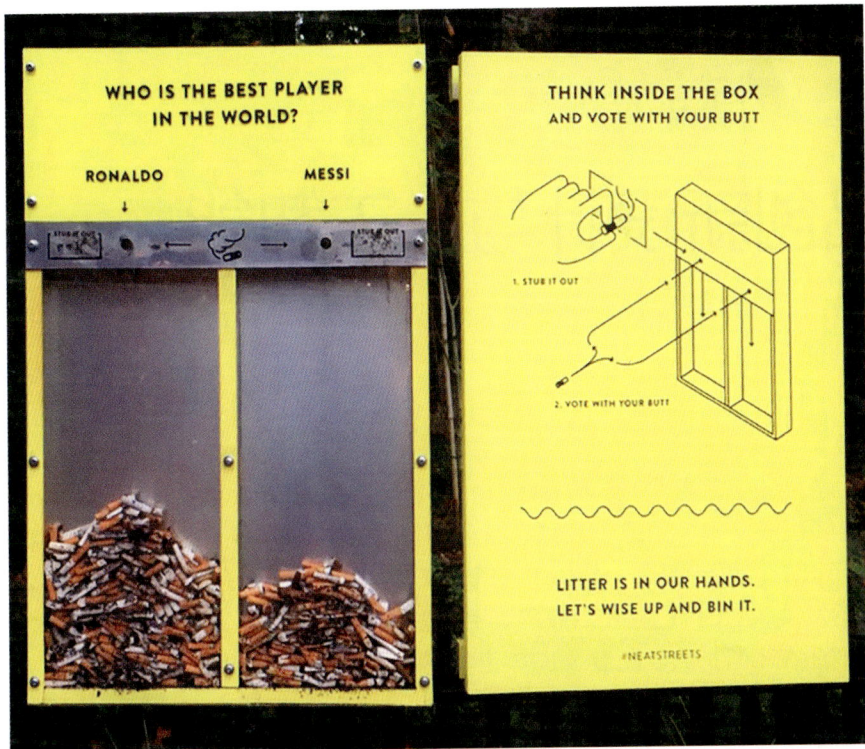

图 4-34　BallotBin 投票箱

企业和政府在这方面也可以起到关键作用，通过推广可持续产品和服务、制定和执行环保政策，进一步引导和规范消费者的行为。此外，对消费者进行的可持续教育还要强调个人行为对环境的长期影响，鼓励其参与环保行动，如植树、环保志愿服务和绿色出行等，从而形成广泛的社会共识。

■ 本章小结

在产品可持续设计过程中，设计师需要思考如何在设计中实现环境友好与节约资源的目标。循环再生设计强调在产品生命周期结束后对材料的再利用，以减少浪费。重复使用设计鼓励在产品原有功能基础上继续使用，延长其使用周期。升级再造设计通过重新设计或改造，使旧产品获得新用途或价值。减量化设计着重减少对材料和能源的使用，从源头上减少环境负担。此外，对消费者的可持续教育也是关键环节，可以通过引导消费者选择和使用环保产品，进一步推动可持续发展目标。本章为设计师提供了多种可行的策略，有助于设计师在设计过程中践行可持续理念。

第 **5** 章
产品创新设计与人工智能

　　人工智能生成内容技术 (artificial intelligence generated content)，简称 AIGC，能够生成文本、图像、视频、音频等多种形式的内容。从首个聊天机器人 Eliza 到语音助手 Siri，再到图像生成器 DALL·E 3，以及 ChatGPT，都基于 AIGC 技术。随着技术的发展，AIGC 已经开始被广泛用于影视、娱乐、设计、医疗、金融和教育等领域，其应用范围还在不断扩大。随着 AIGC 工具不断迭代和更新，其在工业设计领域的应用范围和影响也在逐渐扩大。AIGC 不仅能够帮助工业设计师快速产生产品灵感及创意，还能够在一定程度上提升设计效率和质量。AIGC 使部分工作的内容和形式发生了重大变革。在创意产业中，AIGC 的应用可以释放创意产业从业者的创造力，使其专注于更高价值的创新工作，如图 5-1 所示。因此，探索 AIGC 工具的创造潜力在工业设计领域中的应用具有一定的价值和意义。

图 5-1　AIGC 与创意产业的结合

早期的人工智能设计是人类直觉和人工智能算法的合作，是计算机科学、认知科学和设计学等学科的交融和整合。计算机科学视角下的人工智能算法能够处理大量数据并生成解决方案，但缺乏创造性和主观意识，需要人类直觉进行引导并完善应用。AIGC 的出现，被认为是继专业生成内容（PGC）和用户生成内容（UGC）之后，利用人工智能技术自动生成内容的新型生产方式。AIGC 的发展依托底层算力和算法的发展，从生成对抗网络（generative adversarial network，GAN）开始，使现有的人工智能生成能力快速提升，质量和创新度更强。

认知科学深入解析人类思维和感知，强调直觉基于经验和认知，为设计提供灵感。设计学关注设计的本质和方法，设计师运用直觉进行构思，并借助人工智能算法优化数据，实现目标。人类直觉与人工智能算法相辅相成，推动产品设计创新和发展。

图 5-2 和图 5-3 展示了两组借助人工智能进行设计的案例。

图 5-2　风电扇叶在户外休息空间的应用方案

图 5-3　风电扇叶在公交站台的应用造型

5.1　人工智能在产品设计领域的应用

AIGC 对工业设计的影响在生产资料、生产工具和生产关系各方面都有展现：在生产资料方面，从数字资产到专属模型；在生产工具方面，从自动化工具到生成式工具；在生产关系方面，从人机协作到人智协作。设计师需要保持开放的心态，不断寻求新的切入点和灵感来源，拥抱设计过程中的多样性和未知性。

传统工业设计的流程与 AIGC 融合后的流程对比，如图 5-4 所示。

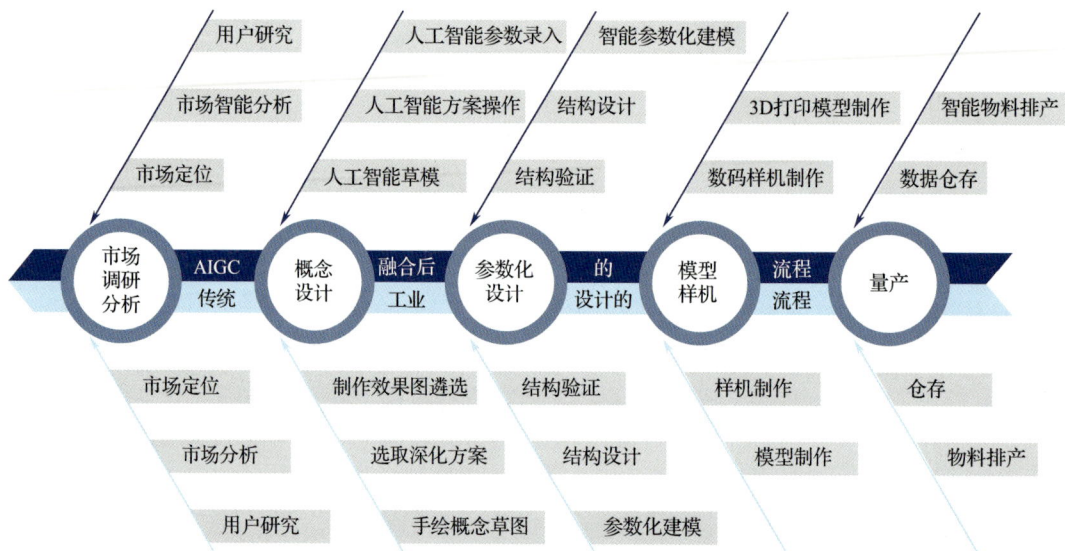

图 5-4　传统工业设计的流程与 AIGC 融合后的流程对比

5.1.1　市场研究与趋势分析

AIGC 可以分析市场数据和趋势，帮助设计师了解当前市场需求和竞争情况。需要注意的是，虽然 AIGC 在市场研究和趋势分析方面具有很大潜力，但设计师在使用过程中仍然需要保持警惕，确保遵守相关法律法规，保护数据安全和隐私。在实际应用中，设计师应该根据实际需求选择合适的 AIGC 工具，并结合专业知识和经验进行验证和调整。

AIGC 可以快速从大数据中挖掘有价值的信息，提取有关市场趋势、消费者行为和竞争对手动态的关键数据。一方面，AIGC 可以使用计算机算法对数据进行智能和情感两方面的分析，实时关注和更新市场动态，识别潜在的市场机会和风险，并与心理学知识相结合来判断市场情绪，提醒设计师和管理人员及时调整策略。另一方面，AIGC 可以根据数据构建预测模型，进行可视化展示，提取消费者真实评价，并根据用户提问来搜寻消费者评论，使查阅信息这一过程更具有交互性，以便决策者更加直观地了解市场情况及未来的市场走势，自动生成报告，为决策提供依据和支持。例如，Shulex 人工智能分析平台可以智能分析消费者和产品之间的各项数据。作为一个功能极其强大的数据分析平台，它可以为设计师提供设计依据。Shulex 平台界面，如图 5-5 所示。

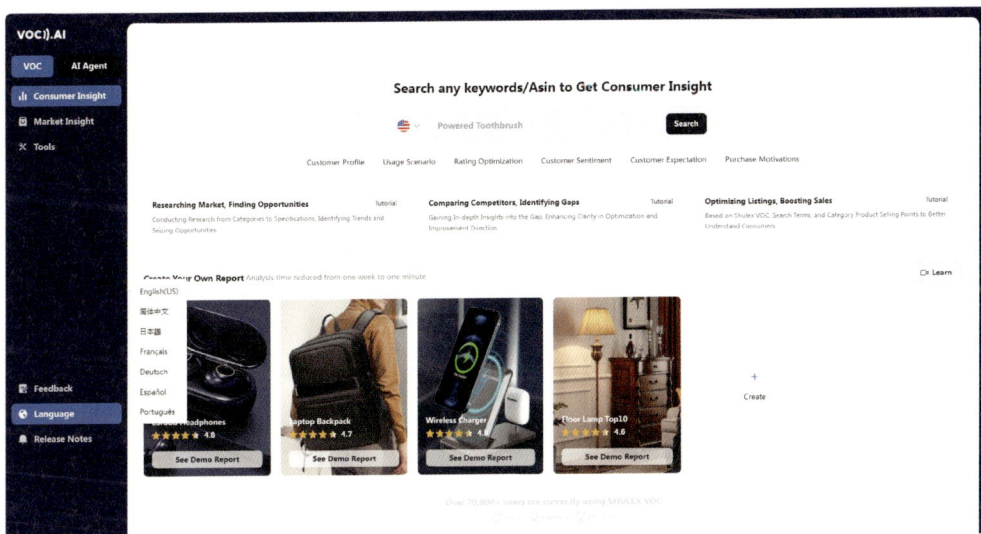

图 5-5　Shulex 平台界面

利用人工智能软件得到相关产品信息数据后，还可以利用人工智能平台进行可视化处理。SeaTable 是一个数据可视化管理工具，可以实现数据的导入、连接、收集、存储、处理、可视化分析、共享协作、应用等一站式管理。SeaTable 内置人工智能助手，通过设置提示词，可以将所需的信息智能导入指定位置，实现数据可视化效果。SeaTable 用户界面，如图 5-6 所示。

图 5-6　SeaTable 用户界面

5.1.2　创意概念生成

在使用 AIGC 生成创意概念时，设计师需要提供产品及相关要点。AIGC 可以自动对该产品进行头脑风暴和思维发散，并以可视化形式建立思维导图，将相关信息数据关联，不断扩展新的关系，以便设计师整合消费者的需求，并寻找设计关键点。AIGC 通过智能搜索词库将创新性的问题和解决方案相联系，为设计师提供创作灵感。例如，ChatGPT 作为一款自然语言处理工具，它的核心功能是问答，主要用于帮助设计师整理设计需求，生成关键词及相关文案。设计师可以运用 ChatGPT 提供的关键词进行下一步的工作。图 5-7 为 ChatGPT 3.5 操作界面。

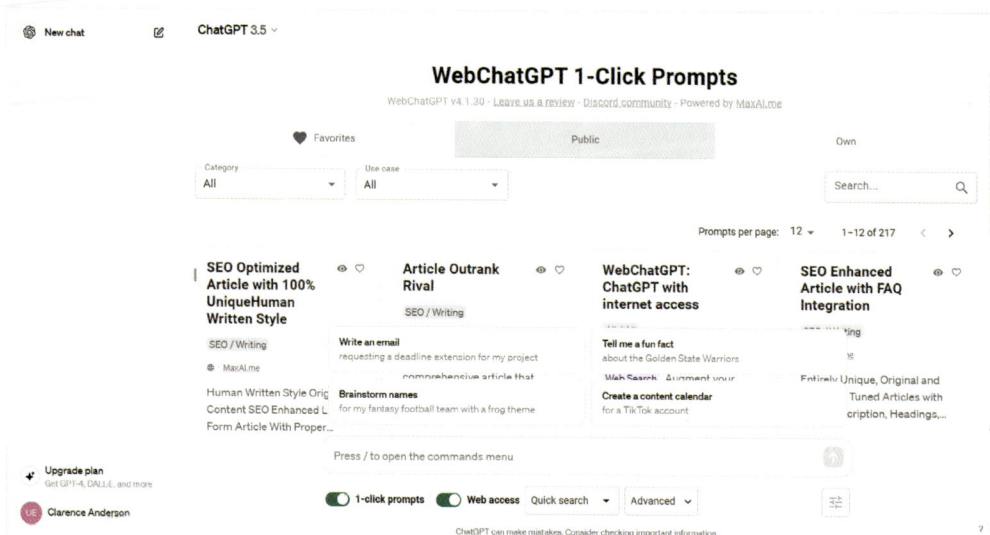

图 5-7　ChatGPT 3.5 操作界面

　　此外，另一种创意概念生成的方法，是使用 AIGC 快速生成相关图片，充当设计原稿，并可以进一步优化设计方案。通过不断更新和迭代，AIGC 使设计更加注重以人为中心和解决相关问题。Stable Diffusion、Midjourney 等平台可以根据设计师提供的图像和关键词完成对图像的更新和迭代，如图 5-8 和图 5-9 所示。

图 5-8　Stable Diffusion 图生图界面

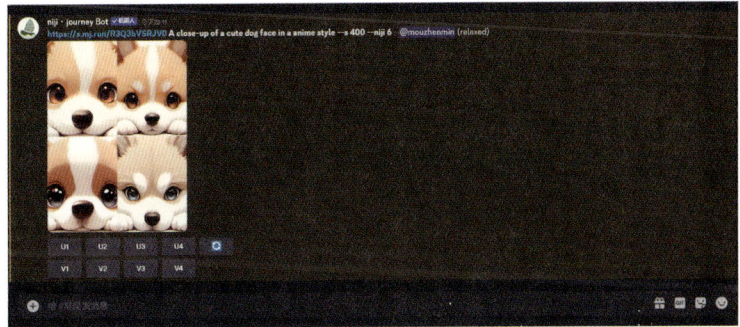

图 5-9　Midjourney 图生图界面

5.1.3　创意图稿

设计师可以通过提供关键词和选择设计风格，使 AIGC 智能生成设计草图，不同的软件或网络平台生成的草图略有区别，水平参差不齐。因此，设计师需要检查图片是否存在明显错误或不符合设计要求之处。大多数生成类软件会生成四张相关图片，设计师可以根据自己的喜好来进行对比和挑选。在挑选完毕后，设计师可以进一步选择是否对产品细节进行优化和更改，来提高产品的设计美观性和市场接纳度。在产品草图生成和优化完毕之后，设计师可以根据自己的设计经验，借助相关 AIGC 工具或将草图导入 Adobe Illustrator、Photoshop 等软件，调整线条和颜色等相关设计要素。

5.1.4　材料选择与可持续性评估

设计师可以使用人工智能工具对产品进行色彩、材料表面处理工艺等方面的分析。设计师根据市场的要求，分析材料特性并挑选符合条件的材料，还可以通过计算机数据来预测新材料的性能，模拟材料在不同条件下的工作状况，即通过优化材料来实现创新设计。另外，人工智能工具可以根据当前的主流设计趋势来优化材料的使用，并缩短设计周期。例如，人工智能工具可以根据设计师提出的绿色环保要求来选取具有可持续性的材料。

Ansys Granta 提供一系列材料信息管理软件，旨在帮助企业实现对内部材料的智能管理。Ansys Granta MI 提供可扩展的解决方案，用以创建、控制和存储企业的材料数据，并与计算机制图、计算机辅助工程和生命周期管理系统无缝集成，以实现企业范围内的一致性。使用 Ansys Granta Selector 还可以做出更明智的材料选择，其搭载的 Ansys SimAI 系统可以利用仿真数据，在几分钟内评估新设计的性能，并允许用户根据多个因素进行材料筛选和评估，提供材料性能分析数据，帮助进行产品设计和工程决策。

Ansys Granta Design 界面，如图 5-10 所示。Ansys SimAI 界面，如图 5-11 所示。

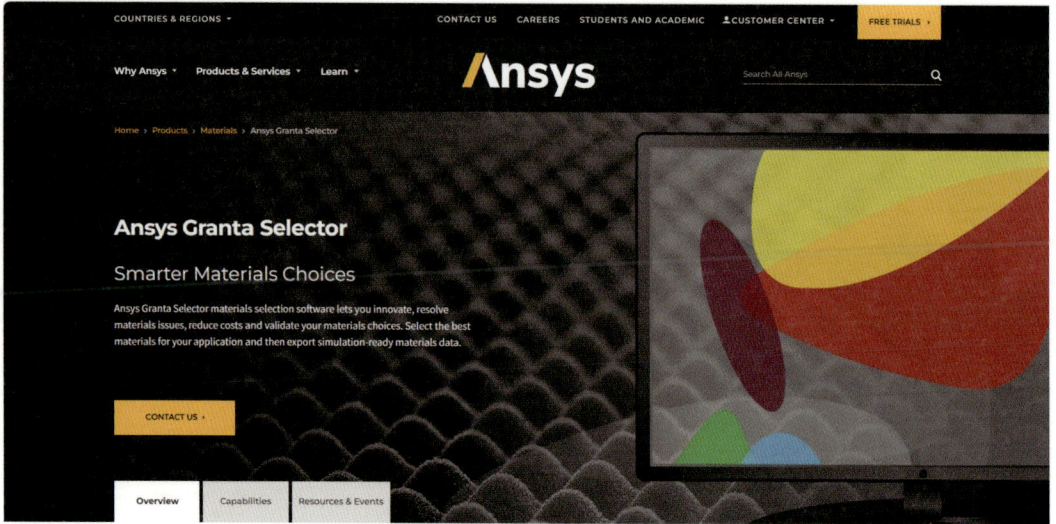

图 5-10　Ansys Granta Design 界面

图 5-11　Ansys SimAI 界面

5.1.5　原型设计与 3D 建模

　　一个产品的生产加工必须有一个可视化的 3D 模型，目前人工智能虽然具备生成 3D 模型的实力，但生成的模型仍然会有不妥之处，需要设计师进行细节修改和优化。虽然如此，人工智能依然极大地加快了设计速度和开发进程，进一步降低了对设计师在硬性技术上的能力要求。

Wonder3D 是一个基于人工智能的工具，用于从单视图图像生成高保真纹理 3D 模型。它使用跨域扩散模型创建一致的多视图法线贴图和相应的彩色图像，再用这些图像重建详细的 3D 网格，从而实现输入单个图像进行高效的 3D 建模。Wonder3D 工作界面，如图 5-12 所示。

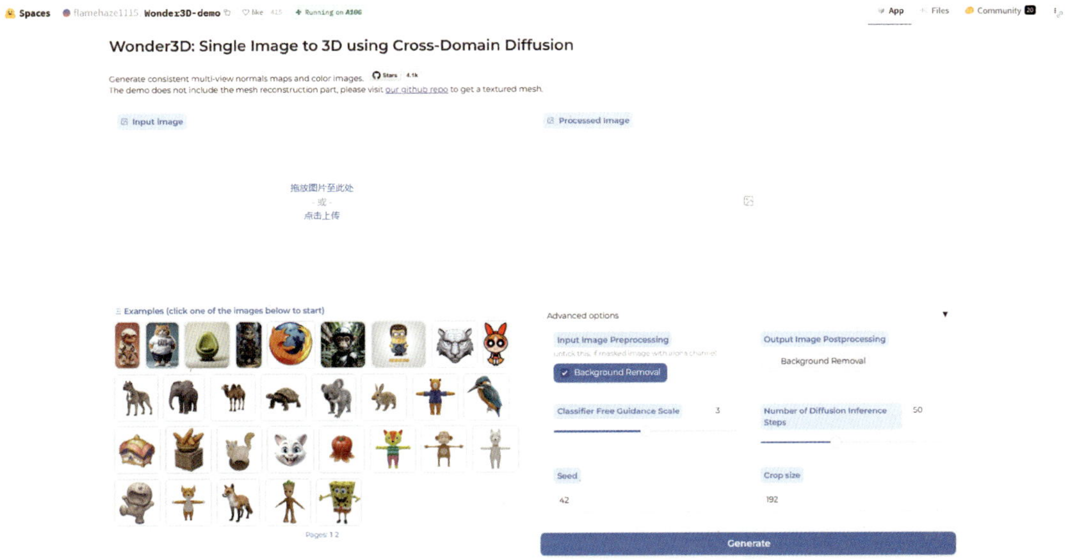

图 5-12　Wonder3D 工作界面

5.1.6　性能优化

AIGC 可以模拟产品性能，对产品进行优化，提高产品的合理性，确保产品在各个方面(如强度、耐用性、能效等)达到最佳性能。AIGC 可以根据产品的实际应用场景，生成相对应的虚拟场景，如产品应用环境、用户行为和设备参数等场景，来模拟产品在现实世界中的使用情况。AIGC 针对产品本身进行自动化测试，实时收集和分析产品数据，与产品预测性能做对比，对产品在测试过程中表现出的缺陷进行调整，通过不断迭代来优化产品细节，使产品达到最佳性能。

5.1.7　人机界面设计

AIGC 可以收集并分析用户数据，根据自身算法，针对用户习惯和期望，自动生成更具有交互性的人机界面。例如，在人机界面设计中，可以通过 AIGC 生成智能语音，为产品融入语音交互功能，实现与用户的交互对话，以确保产品易于被用户使用。在界面视觉设计方面，运用 AIGC 自动生成界面颜色、图标和动画等元素，为界面设计提供更多图像选择空间。

　　ErgoLAB 人机环境同步云平台提供人机交互与人工智能领域的研究和应用，探索人在与机器交互过程中的舒适性、安全性和操作有效性。ErgoLAB 网站页面，如图 5-13 所示。Vercel AI SDK 3.0 最新推出的 Generative UI 功能改变了界面设计方式，依靠人工智能实现从自然语言到界面的转换，支持动态数据和个性化交互。Vercel AI SDK 3.0 工作界面，如图 5-14 所示。

图 5-13　ErgoLAB 网站页面

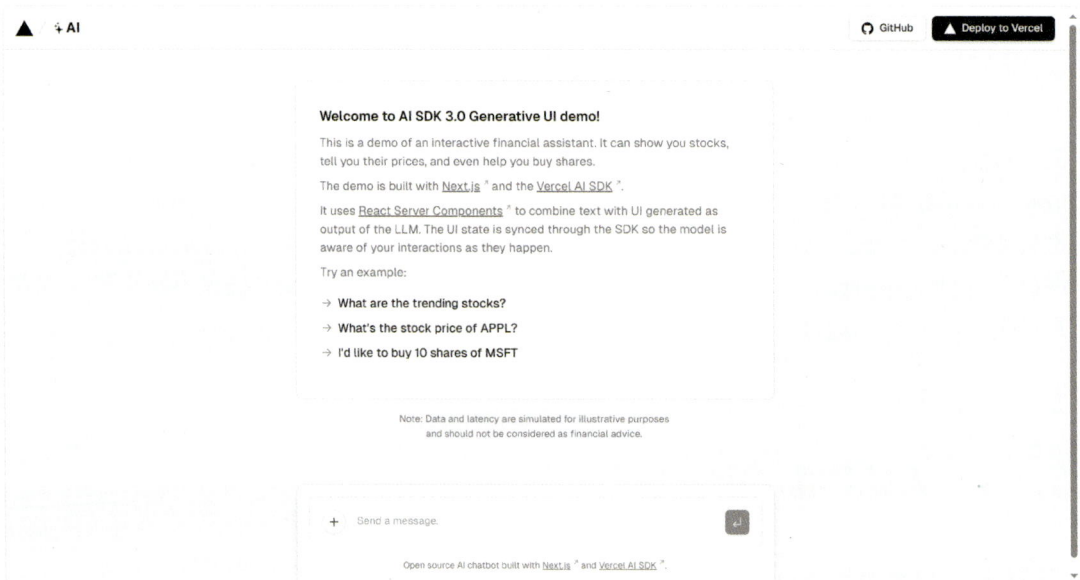

图 5-14　Vercel AI SDK 3.0 工作界面

5.1.8 生产工艺和制造流程优化

AIGC可以通过相关数据和用户提供的实时需求来智能制订生产计划，优化工艺流程，智能管理原材料供应链，通过智能算法来调度生产路径、设备和人力，确保在高效生产的同时降低库存成本；在设备维护与管理方面，通过预测性维护、故障诊断等技术，实现设备的可靠运行，降低设备因故障导致的生产损失；在能源管理方面，可以实时监测能源消耗，降低生产成本，提高企业的绿色环保意识。常见生产工艺和制造流程优化企业平台如表5-1所示。

表 5-1　常见生产工艺和制造流程优化企业平台

企业平台	功能介绍
MatAi	提供对整个生产过程的全面监控和优化，包括构建数据平台、可视化分析和性能预测系统
知策科技	集成先进的人工智能模型，呈现制造经验和工艺知识，推荐最佳工艺参数优化解决方案
碳纪智能	专注人工智能流程建模和优化，利用人工智能、优化算法和边缘计算等尖端技术支持制造业的能源和流程优化
阿里云人工智能平台PAI	支持大规模深度学习场景，提供人工智能工程和异构综合算力的全面优化
思爱普（SAP）AI	以人工智能供应链管理技术优化整个产品生命周期和制造流程，提供从设计到运营的人工智能驱动管理创新
河姆渡	将工业原理与可视化人工智能相结合，用于扁线加工检测和工艺优化，全面应对制造挑战

5.1.9 质量控制与检测

AIGC可以通过设计和控制自动化生产线，实现设备之间的智能协同，确保产品生产质量。自动化质量控制和检测系统对生产过程中的相关数据进行实时监测，如设计缺陷、尺寸大小、外观品质、功能与可靠性等，利用智能机器学习算法进行质量预测和控制，降低不良产品率，避免产品质量参差不齐，确保产品质量稳定。

5.1.10 市场预测和销售建议

基于历史数据和市场趋势，AIGC可以提供对产品的市场预测和销售建议，帮助设计师做出明智的决策。AIGC收集与产品相关的市场信息，自动对收集的数据进行预处理，根据数据的特点和预测需求，自动选择合适的预测模型，运用机器算法分析市场趋势，预测未来的市场变化。根据市场变化和用户反馈，AIGC实时调整预测模型和市场策略，自动提取数据中的关键点，为市场预测提供有效的特征输入。预测结束后，AIGC开始对预测结果进行评估，为企业提供具有针对性的市场销售策略建议。例如，提供关于产品组合、产品定位和价格策略等方面的建议，提供个性化销售方案，在扩大收益的同时提高产品竞争力，进一步获得品牌效益。

5.1.11　客户反馈分析

AIGC 可以通过多种渠道自动收集和整合用户反馈，并实时更新结果和预警，帮助设计师了解产品强项和改进方向。AIGC 利用自然语言处理技术对反馈结果进行文本分析，建立主题模型（如潜在语义分析、隐含狄利克雷分布等）挖掘用户反馈中的核心问题和用户关注点，提取关键信息并对其进行分类整理，判断反馈中的共性问题和潜在关联，针对问题排出解决顺序；判断用户满意度、喜好和抱怨等情感倾向，将分析结果进行可视化处理并自动推送至相关部门，形成优化产品设计和服务的闭环，从而帮助企业迅速从用户角度了解问题，进而优化产品和服务。

5.1.12　可视化和呈现

AIGC 在视觉信息可视化方面也有非常强大的作用。它可以生成高质量的可视化效果，用于演示、宣传，以及与客户分享设计概念。设计师可以导入数据，通过相关生成类网站或软件，来根据信息和自己的选择生成可视化图表。AIGC 还可以自动从数据源中收集并整合信息，针对用户需求和设计师的选择，采用不同的可视化方式，自动设计可视化界面。对于实时变化的信息，AIGC 还可以采用动态的、智能交互的方式实现信息变更，保证用户能够在第一时间得到所需的信息。

runway 是一款由文本生成影片的工具，可以根据简单提示词生成视频片段，具有涂抹静态图片，将其自动转为视频等功能，可以帮助设计师快速形成宣传视频片段以供剪辑。runway 工作界面，如图 5-15 所示。

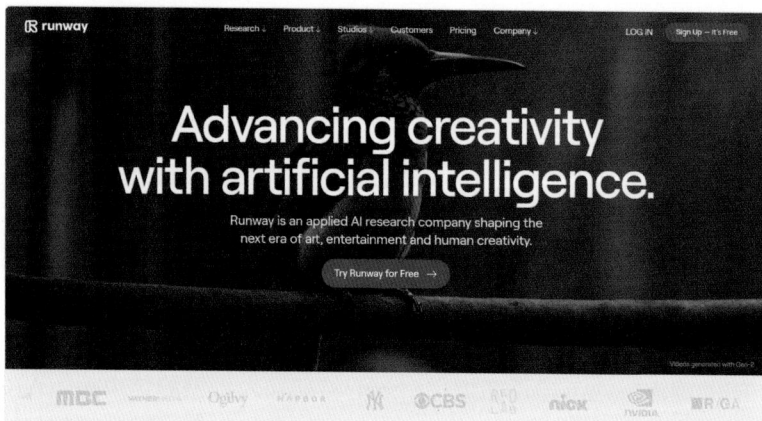

图 5-15　runway 工作界面

5.2　主要工具及使用方法介绍

AIGC 不断发展，可以借助数据库和互联网释放出不同行业数据的价值，实现更智能化的决策与操作。现代设计方法在 AIGC 的加持下也发生了翻天覆地的变化，从设计构思到市场分析、人群分析，再到设计创意生成与落地，各种工具和平台的使用提高了设计效率，还能够提供更加全面的信息，以保证设计工作顺利推进。

5.2.1　ChatGPT

ChatGPT（Chat Generative Pre-trained Transformer）是 OpenAI 公司研发的一款聊天机器人程序。作为由人工智能驱动的自然语言处理工具，它能够基于在预训练阶段所见的模式和统计规律来生成答案，还能够根据聊天的上下文进行互动，像真实人类一样与人交流。ChatGPT 在理解和生成自然语言方面表现出众，能够在一定程度上理解和记忆对话历史。同时，ChatGPT 上下文的逻辑关联能力不断提升，能够实现上下文顺畅交流。在跨领域知识应用方面，ChatGPT 继承了广泛的领域知识，可以在多种主题上与人进行交流和生成信息；具备识别用户意图并据此调整回答的能力，能够根据不同的查询提供相应的信息和服务；在全科能力的全维、全知、全量方面都有所提升，多模态交互能力也在增强。ChatGPT 一直持续迭代，在高级情感智能、深层次常识推理、无偏见输出、长期记忆和持续学习等方面继续改进和创新。使用者借助 ChatGPT 的特点，可以完成撰写邮件、视频脚本、文案、代码、论文，以及翻译等任务。在工业设计中，它能够帮助设计师整理设计需求，并编写生成产品方案图的关键词。

在使用 ChatGPT 时，可以通过明确具体内容、巧妙拆分的提问方法，提升获取内容的准确性。ChatGPT 提问技巧，如表 5-2 所示。

表 5-2　ChatGPT 提问技巧

提问技巧		普通示例	技巧示例
明确具体	尽量使问题具体和明确，避免使用模糊词或多义词	你觉得好的产品是什么？	2024年最具有创意的产品是什么？
分步提问	将复杂的问题拆分成几个简单的、直接的小问题	如何开始一个独创的产品设计？	在开始一个产品设计之前需要考虑什么？第一步是什么？
避免假设	尽量不在问题中包含未经证实的假设或情感色彩	为什么设计师缺乏设计灵感？	有数据表明设计师缺乏设计灵感吗？
上下文说明	简短地提供背景信息可以帮助人工智能更准确地理解问题	为什么他这么做？	在他完成设计图后，他选择建立模型。这是为什么？

提问技巧		普通示例	技巧示例
明确期望值	明确表达具体的期望或目标	设计师应该做什么？	设计师想设计出好的产品，应该做什么？
反馈和迭代	首次回答不准确，不妨提供反馈，进行问题迭代	无反馈，直接接受不准确的答案	你的答案不够具体，我想知道的是XYZ。
使用专业术语	特定领域的专业问题或专业知识使用相关专业术语	为什么要推行可持续设计？	在产品设计规划中，为什么要采用可持续设计原则？
明确问题类型	尽量使问题类型明确，避免使用模糊词或多义词	您觉得应该怎么做？	根据环境污染的案例，您认为应该在可持续设计方面怎么做？

5.2.2 Shulex VOC

Shulex VOC 是一款针对销量、声量和流量进行深度数据分析的工具。Shulex VOC 是跨境电商 ChatGPT 插件，可以提供评论分析、商品详情页优化建议，以及消费者问答分析等。Shulex VOC 的主要特点，如图 5-16 所示。

亚马逊全量评论	人工智能大模型	全渠道集成	大卖家共创
10倍提速	100多个人工智能算法模型	10多个平台集成	50多个大卖家共创
亚马逊所有商品评论和热销榜数据，支持其他平台定制服务。	贴合市面上主流的语义识别人工智能大模型，如ChatGPT。	亚马逊、Shopify、SurveyMonkey、Facebook、沃尔玛、Salesforce、AfterShip、卖家精灵、积加、易芽等。	与安克创新、聚英、欣维发、路特、华青等50个大卖家深度共创，用两年多时间研发，专为跨境卖家打造的智能出海平台。

图 5-16 Shulex VOC 的主要特点

Shulex VOC 聚焦企业经营全过程，注重消费者的声音，并利用全网数据、人工智能建模分析能力与科学的消费者洞察方法，让用户可以直观地面对消费者画像、产品规划与选品、品质和口碑提升，以及爆款销售转化等问题，并提供有效建议。在这里，我们介绍的是 2024 年 4 月 20 日更新后的版本。

第一次登录成功时，进入功能选择界面，用户可以根据需要选择相关内容，如图 5-17 和图 5-18 所示。

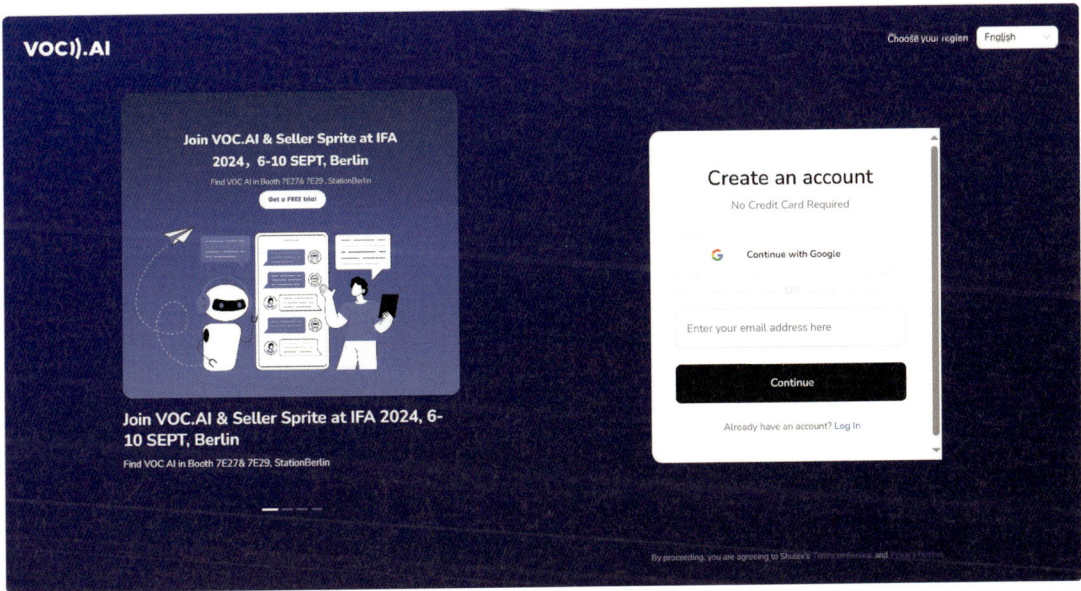

图 5-17　Shulex VOC 登录界面

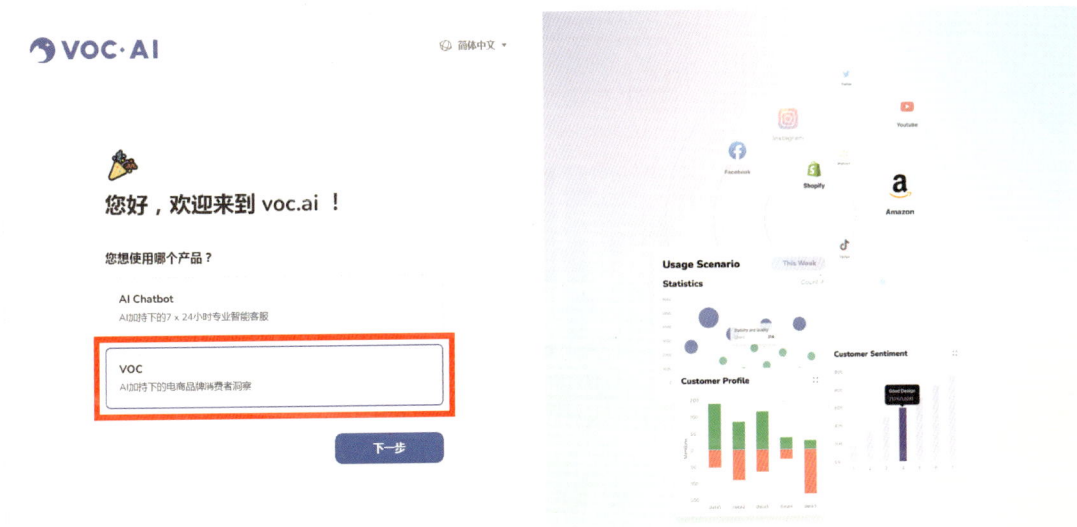

图 5-18　Shulex VOC 功能选择界面

　　在 Shulex VOC 界面首页，左侧工具栏包括"Review Analysis"（评论分析）、"Market Insight"（产品属性分析）、"Social Listening"（数媒监控）、"Tools"（工具）选项。此外，它具有语言切换功能，使用者可以自由切换多种语言，如图 5-19 所示。

　　在"Market Insight"（产品属性分析）功能界面，根据需要在搜索栏输入相关检索内容，进入跳转页面可以看到选项卡中包含"Product Analysis"（商品分析）、"Market Analysis"（市场分析）、"Product Details"（商品明细）三个模块。用户可以根据需要选择相关产品来进行产品的各项属性分析，如图 5-20 和图 5-21 所示。

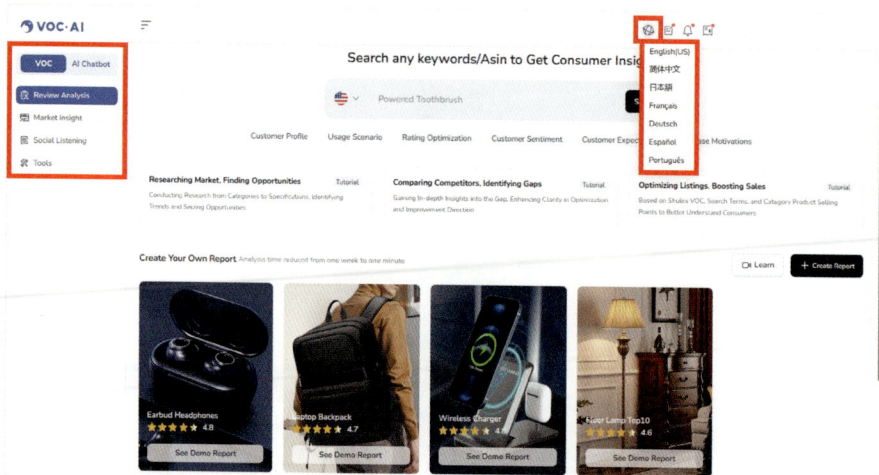

图 5-19　Shulex VOC 界面首页

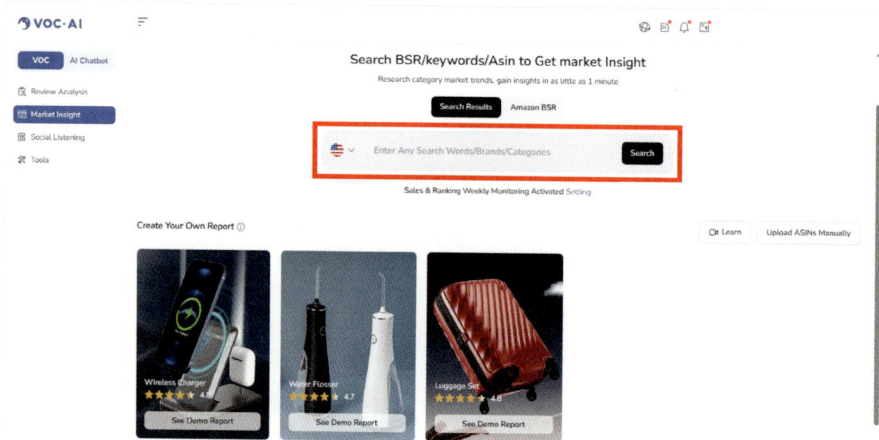

图 5-20　产品属性分析

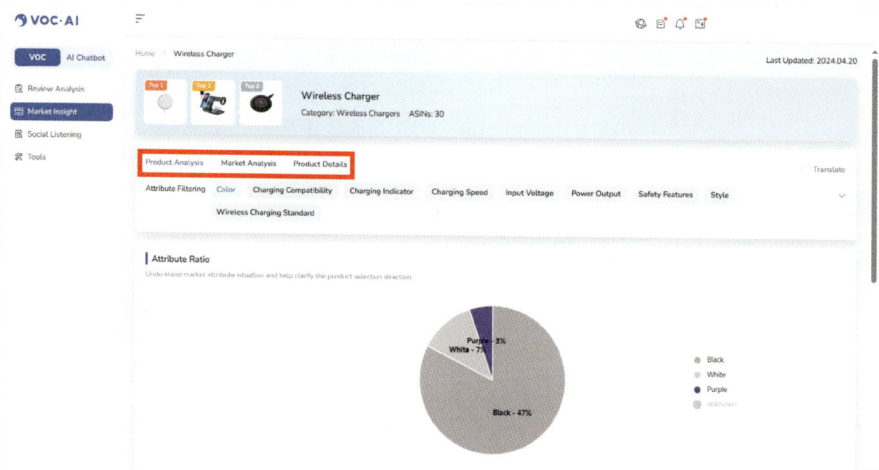

图 5-21　三个模块

5.2.3 Midjourney

Midjourney 是一款云端人工智能绘画工具，不需要本地具有高性能计算机，但需要联网使用。Midjourney 更新迭代速度较快，这里对比介绍 Midjourney V5.2 与 Midjourney V6 在细节处理等方面的功能。如图 5-22 所示，Midjourney V6 能够生成细节更加丰富的逼真图像。

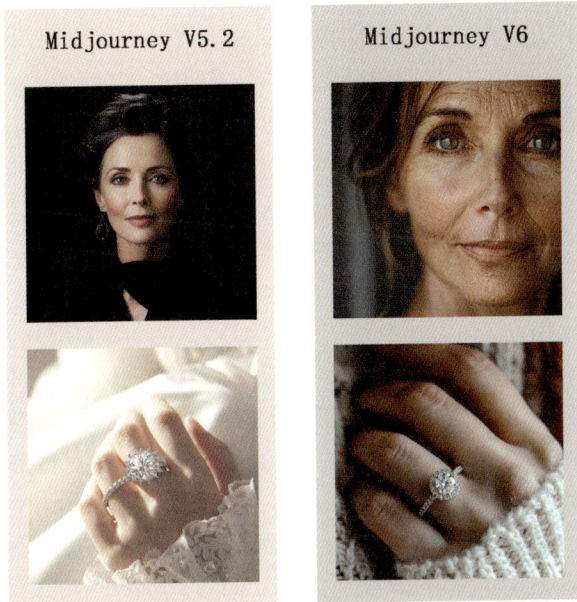

图 5-22　Midjourney V5.2 与 Midjourney V6 出图效果比较

用 Midjourney 进行工业设计，只要在其网站页面输入设计需求关键词，就能通过人工智能算法生成对应的产品意向图，并且可以通过关键词引导不同的设计风格。Midjourney 绘制图像的艺术风格较强，随机性比较大；图像具有高度真实感；可以提供最高 2048 像素 ×2048 像素的图像分辨率；具有先进的自然语言处理能力；可以结合人工智能输出，或手工编辑及微调关键词；提供不同程度的细节增强功能，可以实现逼真的纹理效果。Midjourney 操作简便，使用直观的自然语言就可以生成具有逼真效果的图片内容，很受初学者青睐。

图 5-23 为 Midjourney 生成的小羊意向图。

图 5-23　Midjourney 生成的小羊意向图

Midjourney 的数据库和算法程序是存放在网络服务器中的，其内容生成服务必须在线上进行，存在一定的泄密风险。Midjourney 目前是通过账号管理使用的，尽管收取一定的费用，但由于使用简便、图片效果精美，依然很受一些商业公司的欢迎。

5.2.4 Stable Diffusion

Stable Diffusion 是 2022 年发布的具有深度学习功能的文本生成图像模型工具。顾名思义，"Stable Diffusion"意为稳定的扩散，即将原图的信息进行集中，增加噪声并对原有的信息进行扩散处理，根据提示词、关键点调用出包含目标特征的合集，进行信息重组，以逆向扩散方式生成图像，为设计提供创造性的思路。与其他 AIGC 工具不同的是，Stable Diffusion 虽然同样是通过输入关键词给内置的人工智能算法，由其生成对应的内容图片，但有更多文字以外的对生成图进行控制的手段，生成效果更加可控，能够有效降低随机性，提高成功率，因此其操作复杂性也相对较高。

Stable Diffusion 最大的特点是可以使用本地计算机离线运行，不依赖服务供应商和大型服务器，而且其模型库是开放的，使用者可以下载公共模型库，也可以自行训练、生成自己特定的模型库，并由此开展算法内容的生成。Stable Diffusion 对计算机的性能要求比较高，其生成图片的质量与计算机显卡的性能密切相关。Stable Diffusion 对计算机的配置要求如图 5-24 所示。Stable Diffusion 的主要使用区域和相关功能介绍如图 5-25 和图 5-26 所示。

使用 Stable Diffusion 进行文生图时，有提示词和负向提示词。提示词分为两个类别，即主观提示词和客观提示词。主观提示词意为我们想让它生成的模样，而客观提示词是事物本身的模样。负向提示词是我们不想要的，优化画面使用的。例如，提示词填写"masterpiece"（杰作），"best quality"（高质量）的负向提示词就可以填写"low quality"（低质量）等，即我们不想要的内容描述。正因为 Stable Diffusion 将提示词和负向提示词双重界定，所以生成的结果更符合使用者的需求，结果随机性降低。

	最低配置	推荐配置
操作系统	无硬性要求	Windows10 64位
显卡	GTX 1660Ti，或同等性能以上	RTX 2028Ti，或同等性能以上
显存	4 GB以上	8 GB以上
内存	8 GB以上	16 GB以上
硬盘空间	30 GB以上	100 GB以上
电源	注意显卡对电源功率的要求	

图 5-24 Stable Diffusion 对计算机的配置要求

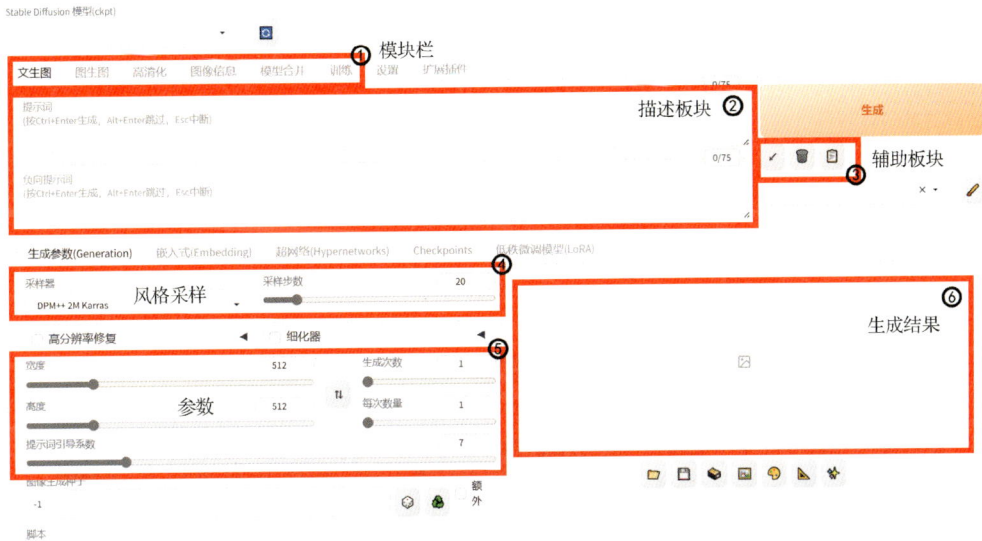

图 5-25 Stable Diffusion 主要使用区域

图 5-26 Stable Diffusion 相关功能介绍

在学习和使用各类产品时，还需要注意插件系统的使用。插件系统为大型模型的生态构建提供了一个可拓展、可定制和互操作的框架。例如，在使用 Midjourney、Stable Diffusion、ChatGPT 等工具的过程中，可以选择使用 PromptPerfect 插件，其作用是自动完善用户输入的提示词，以获得更准确的回应。用户只需在提示词前添加"perfect"

一词即可。随着技术的发展，各类产品纷纷通过插件实现功能的优化和操作的拓展。

AIGC工具在产品概念图生成上，从最初的生成结果不可控、可用度不高，发展至今，已经逐渐积累出成熟高效的制作流程，设计师可以通过相对简易的操作，对生成结果进行各种控制。以生成一张跑车图为例，可以使用Stable Diffusion及插件和Midjourney搭配完成图像生成。操作步骤如下：

（1）用Stable Diffusion的提示词生成跑车意向图，如图5-27和图5-28所示。

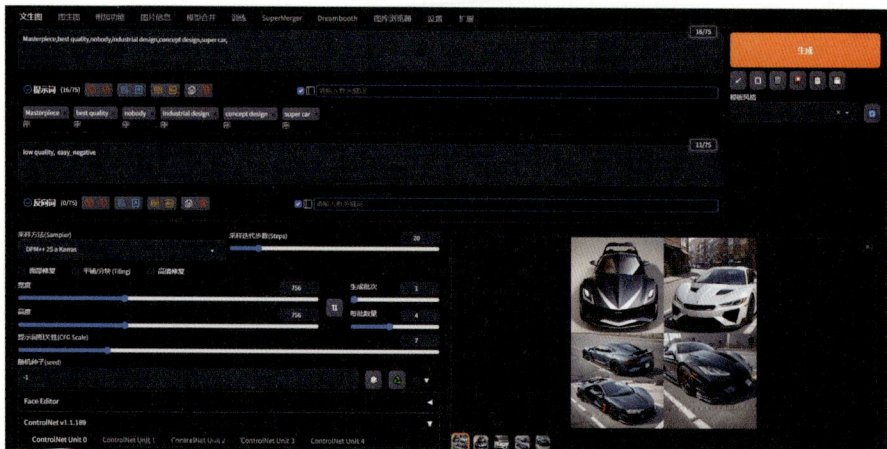

图 5-27　Stable Diffusion 文生图界面

图 5-28　Stable Diffusion 生图效果

（2）用 Midjourney 根据跑车意向图生成合适的跑车草图，如图 5-29 所示。

图 5-29　用 Midjourney 生成的草图

（3）用 Stable Diffusion 的 ControlNet 插件，将生成的草图作为基底，生成跑车效果图，如图 5-30 和图 5-31 所示。

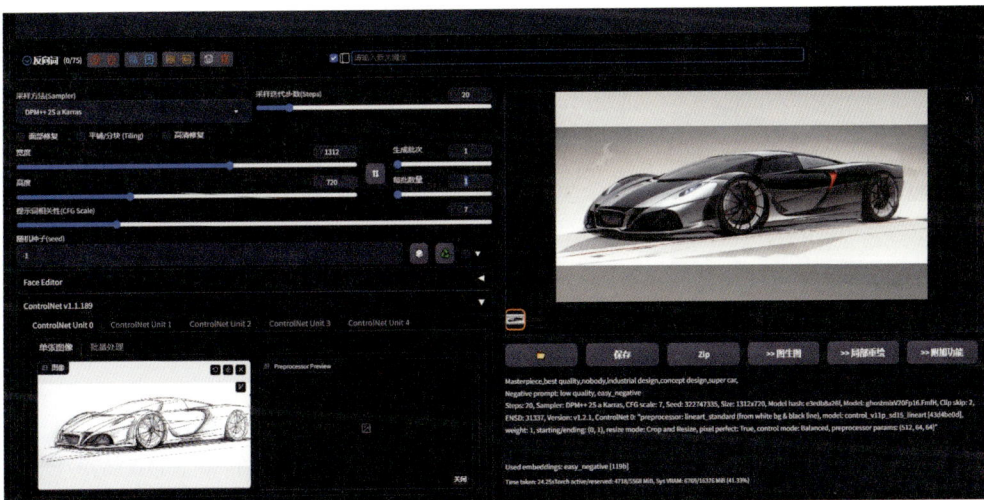

图 5-30　ControlNet 插件界面

图 5-31　最终效果图

从生成的图片结果来看，该产品概念图效果美观，外观造型灵活多变，其生成结果可以满足特定的具体设计要求。

5.2.5 DALL·E 3

DALL·E 3 是 OpenAI 的新图像人工智能系统，它将文本提示作为输入，以生成新图像作为输出。DALL·E 3 是在 ChatGPT 的基础上开发的，它可以让用户把 ChatGPT 作为自己的头脑风暴伙伴和提示的改进者。用户可以向 ChatGPT 提出要求，从一个简单的句子到一个详细的段落都可以。当用户提出一个想法时，ChatGPT 会自动为 DALL·E 3 生成量身定制的详细提示，让用户的想法生动显现。如果你喜欢某个图像，但它不太合适，就可以要求 ChatGPT 进行调整，只需几个字即可。DALL·E 3 与 ChatGPT 的合作实现了视觉创作与语言智能的无缝对接。例如，将诗句"孤舟蓑笠翁，独钓寒江雪"表达的意境用图像表达出来的效果，如图 5-32 所示。

（a）　　　　　　　　　　（b）　　　　　　　　　　（c）

图 5-32　"孤舟蓑笠翁，独钓寒江雪"诗句配图

ChatGPT 的接入让"Prompt"（与模型进行交互时，用户提供的文本段落用于描述用户想要从模型获取的信息、回答、文本等内容）设计变得更加简单智能。DALL·E 3 尽可能准确地解释用户的提示语，若提示语不够具体或比较含糊，会自行补充细节，并且能够根据用户指定的艺术风格或类型绘图，避免生成侵权或不恰当的内容。DALL·E 3 尽力展现用户超现实的想象，在人物图像方面避免出现偏见和刻板印象，体现多样性和包容性。

设计人员思绪的具象化可以被概括为一个 ChatGPT 与 DALL·E 3 结合的认知视觉化过程，如图 5-33 所示。通过认知视觉化过程，ChatGPT 和 DALL·E 3 联手将用户的思绪从抽象的语言领域转化为具体的视觉领域，为设计人员提供了一个全新的体验方式。

DALL·E 3 能够理解细微差别和细节，它可以让用户轻松将自己的想法转化为异常精确的图像。文本到图像系统往往会忽略文字或描述，需要用户对提示词的选择和使用做一些技巧上的思考。DALL·E 3 代表人工智能在生成与用户提供的文本完全一致的图像能力方面的一次飞跃。

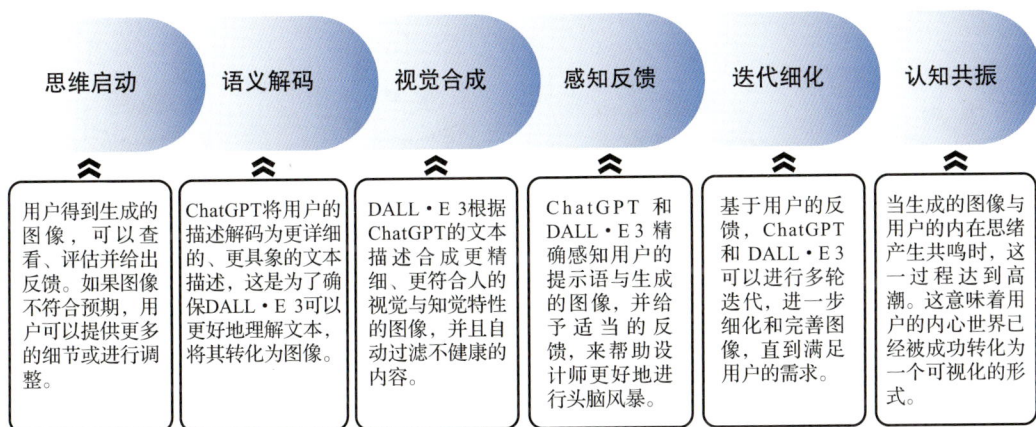

思维启动	语义解码	视觉合成	感知反馈	迭代细化	认知共振
用户得到生成的图像，可以查看、评估并给出反馈。如果图像不符合预期，用户可以提供更多的细节或进行调整。	ChatGPT将用户的描述解码为更详细的、更具象的文本描述，这是为了确保DALL·E 3可以更好地理解文本，将其转化为图像。	DALL·E 3根据ChatGPT的文本描述合成更精细、更符合人的视觉与知觉特性的图像，并且自动过滤不健康的内容。	ChatGPT和DALL·E 3精确感知用户的提示语与生成的图像，并给予适当的反馈，来帮助设计师更好地进行头脑风暴。	基于用户的反馈，ChatGPT和DALL·E 3可以进行多轮迭代，进一步细化和完善图像，直到满足用户的需求。	当生成的图像与用户的内在思绪产生共鸣时，这一过程达到高潮。这意味着用户的内心世界已经被成功转化为一个可视化的形式。

图 5-33　认知视觉化示意图

5.2.6　Adobe Firefly

Adobe 在艺术和设计界享有至高无上的地位。过去，其创新和无穷的生产力使之在不断变化的技术世界中始终保持着王者的风范。在人工智能时代，在 Midjourney 和 Stable Diffusion 夹击下，Adobe 结合自身优势推出了 Adobe Firefly。

Adobe Firefly 旨在生成质量更高的人物图像，改进文本对齐方式，并提供更好的风格支持。Adobe Firefly 面世之初推出了"Text to image"（文生图）、"Generative fill"（生成填充）、"Text effects"（文字效果）、"Generative recolor"（矢量图重新着色）四个具有自身特点的功能，其效果如图 5–34 ~ 图 5–37 所示。其中，"Generative fill"（生成填充）功能是用文字生成的图和原图进行拼合。该功能跟 Stable Diffussion 的局部重绘很像，基于 Adobe 在图片处理领域的技术沉淀，其合成效果很逼真，为服饰、摄影等行业提供了便利。Adobe Firefly 把镜头、灯光、色调等偏专业化的标签做成了选择组件，让大家使用起来更加方便。

（a）　　　　　　　　　　　　　　　（b）

图 5-34　文生图效果（男孩）

原图　　　　　　（a）　　　　　　　　（b）　　　　　　　（c）

图 5-35　生成填充效果

（a）　　　　　　　　　　（b）　　　　　　　　　　（c）

图 5-36　文字效果

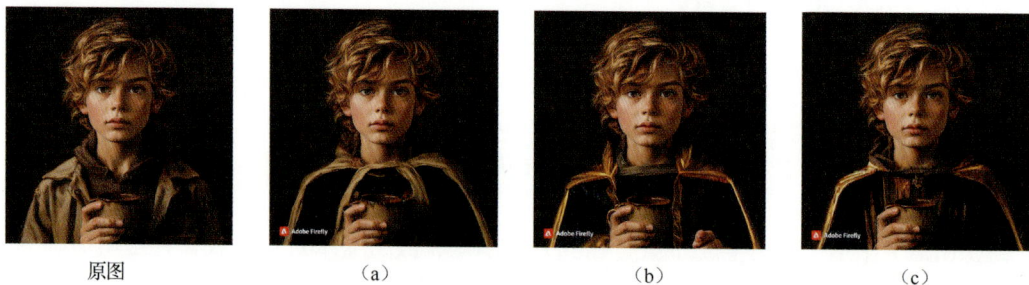
原图　　　　　　（a）　　　　　　　　（b）　　　　　　　（c）

图 5-37　矢量图重新着色效果（将衣服替换成魔法袍子）

在设计过程中，AIGC 作用最大的环节是创意的生成。早期的人工智能只能在数据模型的范围内完成文生图的单纯转化，并无太多创意和细节。随着 AIGC 技术的出现，人工智能绘画具备前所未有的独特性，能够实现将人的想象具化，为人类带来更加多样化的创作体验和艺术作品。例如，AIGC 可以生成现实生活中并不存在的事物，在服装、建筑、交通等领域生成具有无限创意的设计方案，进行风格的迁移与融合，以及实现历史和未来的可视化等特殊效果。

人工智能绘画中的图像重绘给设计师带来无限的想象空间。图像重绘内在的逻辑是，图像输入后图像理解模型（如 GPT-4）生成描述词，描述词被作为提示词输入文生图模型（如 DALL·E 3）之中，最后输出图像，如图 5-38 所示。人工智能图像重绘有自己的特点：在艺术风格方面高度相似，如色彩运用、构图等；自然景观、抽象概念等场景构件可以保持完整性；在内容、叙事等方面，主体诠释力求一致；在质感、光影效果、布局等细节方面与输入的原图有显著差异。图像重绘产生差异的内在原因主要是人工智能理解图像的局限性，导致生成的提示词难以充分且准确描述图像的所有元素和细节，尤其是复杂的图像。此外，图像生成模型通常旨在创造新颖的图像，而非复杂的现有图像，更适合用于创造性图像的生成。设计师合理运用人工智能在每个创作阶段的特点，可以最大限度地发挥机器和人两者的优势。

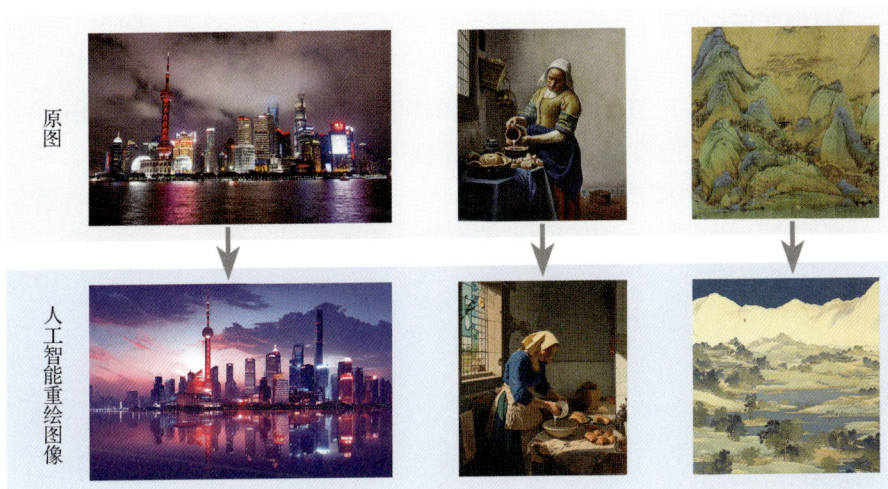

原图

人工智能重绘图像

图像输入——图像理解模型生成描述词——描述词被作为提示词输入文生图模型之中——图像输出

图 5-38　人工智能图像重绘内在逻辑

目前，常见的人工智能绘画产品各有千秋，我们从理解和文本交互、图像质量和真实感、图像生成特点、使用和学习曲线（难易度）四个方面对 DALL·E 3、Midjourney、Adobe Firefly 三个工具进行比较，方便读者根据学习和使用目的进行合理选择，如表5-3所示。

表 5-3　DALL·E 3、Midjourney、Adobe Firefly 功能比较

	DALL·E 3		Midjourney		Adobe Firefly	
理解和文本交互	在理解文本提示方面比前一版本有显著提升，能更好地与文本协作	★★★★★	官方没有明确说明其在文本理解方面的性能。从不同的图像生成任务中可以看出，它能够理解复杂的提示	★★★	没有明确的文本理解功能，但在某些场景下表现出较好的理解能力	★★★
图像质量和真实感	图像有时可能显得"卡通化"或过度渲染，如生成的疲惫学生肖像，眼袋过于明显，缺乏真实感	★★	擅长超现实和抽象图像，对细节的处理较为出色，但在某些情况下可能显得较为"柔和"或类似绘画风格	★★★★	在多个场景中展现出较高的真实感和效果，如在生成人像和室内设计图像时，照明和阴影处理得较好	★★★★
图像生成特点	在超现实和抽象概念图像生成上表现出色，如生成用牛仔布制作的房子时展现了独特的能力	★★★	在超现实艺术方面表现出较好的理解和创意能力，能够很好地结合现实世界图像和奇幻概念	★★★	在生成超现实图像时，倾向于借鉴儿童书的风格，在某些情况下可能缺乏所需的创意或超现实感	★★★
使用和学习曲线	学习曲线相对平缓，适合广泛的用户快速上手并进行多样的视觉创作	★★★★★	学习曲线较陡峭，主要是在Discord上使用，可能对某些用户造成限制	★★	对熟悉Adobe生态系统的用户来说，学习曲线较为平缓。其他用户可能需要一些时间熟悉工具的各种功能和界面布局	★★★

5.2.7 Wonder3D

Wonder3D 是一个使用跨域扩散模型从单视图图像重建高度详细的纹理网格的工具，其工作原理是通过跨域扩散模型生成一致的多视图法线图和相应的彩色图像。这个跨域扩散模型能够在不同的视图和模态之间交换信息，以确保一致性。Wonder3D 利用一种新颖的法线融合方法从多视图 2D 图像中提取高质量的表面。

Wonder3D 有以下几个主要优点。

1. 高效性

Wonder3D 只需 2 ~ 3 分钟就能从单视图图像重建出非常详细的纹理网格。

2. 高质量重建

Wonder3D 通过跨域扩散模型生成一致的多视图法线图和相应的彩色图像，然后利用新颖的法线融合方法实现快速、高质量的图像重建。

3. 一致性

Wonder3D 生成多视图法线图和相应的彩色图像，确保图像具有一致性。

4. 几何感知法线融合算法

Wonder3D 引入几何感知法线融合算法，用以提取高质量的图像表面。

5. 易用性

Wonder3D 提供易于使用的 Python 应用程序编程接口（API），方便用户在自己的项目中使用 Wonder3D。

6. 开源

Wonder3D 项目是开源的，任何人都可以查看其源代码，了解其工作原理，甚至对其进行修改，以满足自己的需求。这有助于保持其透明度和可靠性。

除前面提到的比较成熟的 AIGC 工具，现在几乎每个月甚至每周都有新的 AIGC 图像类和 3D 模型生成类的工具涌现，AIGC 发展趋势日益火热。多模 AIGC 的异构数据和协同推理，让设计有了更广阔的空间和更便捷的工具。图 5-39 展示了部分 AIGC 工具。

在实际应用中，设计师可以根据用户需求，实现多模态融合（将文本、图像、声音等数据合并）和相互转换，如图 5-40 所示。

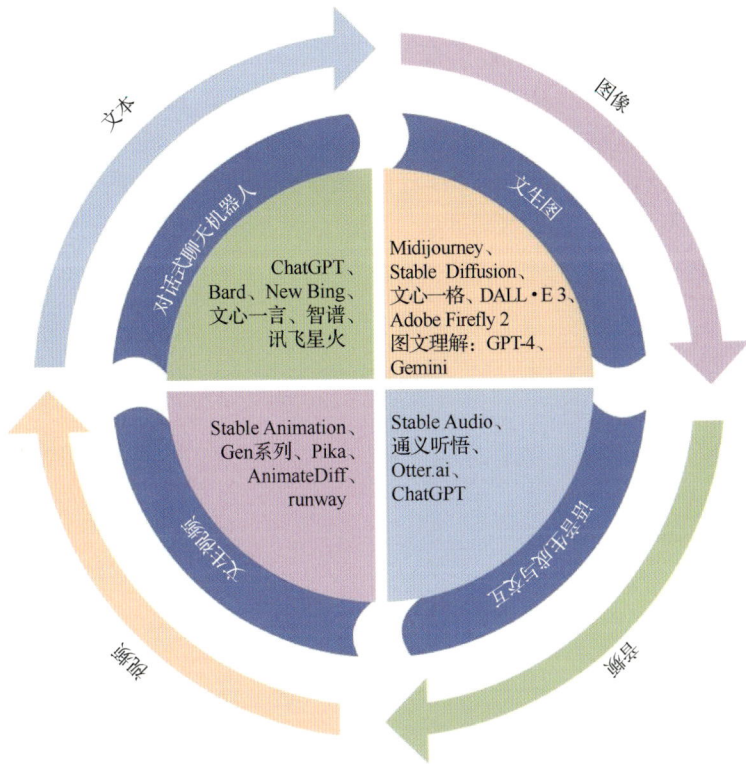

图 5-39　部分 AIGC 工具

文本生成图像	文本生成视频	图像生成视频	图像理解	视频理解
温馨海滩落日	海底世界	静态转动态	地标识别	篮球解说

图 5-40　多模态融合

　　OpenAI 推出定制化 GPT，允许用户根据个人需求和偏好制作 GPTs 来执行特定功能，标志着人工智能定制化应用时代的到来。用户可以在没有编码知识的情况下创建适用于教学、游戏或创意设计等多样化任务的 GPT 模型，使人工智能与人类智慧相结合。这意味着未来的设计工作将更加高效和便捷。

■ 本章小结

AIGC 的发展势必带来生产关系的变化，在 AIGC 时代，设计师需要重新思考"人机关系"。设计的本质是创意，设计的边界未来会消失，设计工具成为语言，而设计方法则变为"生成"。设计人员将会面临对象多样化、需求多元化、产品迅速迭代等问题，需要结合使用 AIGC 与搜索引擎，更加广泛地获取最新的信息，实现在设计、生产、销售等阶段的协作。（本章涉及的工具随时间推移，可能会有不同程度的更新迭代，读者可以根据自身需求查找和学习使用。）

第 **6** 章

实战案例分析

设计源于生活，是人们对生活的发言，活跃于日常生活的各个方面。当我们仔细观察生活时，就会发现日常生活中的一些产品存在许多问题。这时，我们应该从消费者的生活习惯、消费方式、文化层次、心理需求，以及喜爱的色彩、偏向的造型等方面综合考虑，寻求最简单的解决方式。本章通过六个案例，分别从选题原则、市场需求分析、竞品分析、用户研究、设计定位与分析、方案评价与筛选等阶段的实践操作加以示范。

6.1 乡村太阳能公共设施设计

产品创新选题对项目实施的难易度、设计效果等都有决定性的影响。选题可以从用户需求、市场需求、社会热点问题等方面深挖有价值的切入点。本案例立足于乡村振兴的社会背景，深入分析农村人口老龄化，以及新能源在乡村中的应用等问题。我们通过设计，着力提升农村环境品质、基础设施和公共服务水平，发掘文化和产业优势，不断提高农民的获得感、幸福感和满意度；依托当地资源，通过简约化设计、循环再利用设计、生态材料创新使用、易回收处理设计等方式，帮助农村地区实现现代化，完善基础设施，提升公共服务水平，使农村生活更加便捷和舒适。

6.1.1 课题目标和意义

随着乡村振兴战略的深入推进，乡村公共休闲区域的建设成为提升乡村旅游品质、促进乡村经济发展的重要手段。然而，乡村地区往往面临能源供应不足、设施不完善等问题，限制了休闲区域的发展。在乡村振兴过程中，将新能源利用和老龄化问题结合起来，打造一个老年人宜居的乡村环境成为我们的课题目标。

随着人口老龄化的加重，国家政策鼓励发展老年人的文化休闲生活，扩大老年人的文化服务供给。乡村公共设施的建设和运营，不仅可以解决乡村地区脏、乱、破等问题，提升游客体验和乡村形象，还可以促进乡村经济的可持续发展，为乡村振兴注入新的活力。

6.1.2 用户分析

乡村太阳能公共设施主要使用人群为长期居住在乡村的老年人。老年人对视觉的感知度、灵敏性和色彩识别度等多个方面变得弱化，对部分文字、色彩和图像的识别出现一定的障碍，并且难以识别低音，对部分语言的分辨能力逐渐下降，难以对声音进行定位且识别语速的反应能力变差，触感能力变得迟钝，对于温度、痛觉的感知能力也逐步下降。同时，老年人的短时记忆衰退，对周围环境的敏感度降低，信息储存能力差。老年人容易骨质疏松，行动缓慢，难以长时间保持同一姿势，容易出现关节痛等症状。因为多方面的生理性蜕变，导致生活中的各种操作失败率提高，老年人的安全感降低。

6.1.3 设计定位及构思

通过对使用人群的分析，我们可以发现，老年人的生理和心理变化给适老化公共设施的设计带来一定的难度。老年人交往的一个主要途径是下棋，尤其是男性老年人以棋会友的情况较多。本设计的定位为提供公共棋局，提供有组织的露天休闲区域，鼓励人们（尤其是老年人）进行户外活动，同时鼓励人们面对面交流并利用太阳能等可持续资源。公共设施要符合老年人的生理特征，方便老年人操作。乡村太阳能公共设施设计构思，如图6-1所示。

· 现状	· 机会	· 想法
大声讨论	安排一个可以大声说话的地方	远离居民区和休息区 / 设置隔音设施
区域 想看下棋的人没有地方坐	提供休息区域	在附近设置座位区 / 在棋盘桌周围设置额外的位置 / 设置实时大屏幕
乱扔烟头	杜绝随地扔烟头	提供烟灰缸或垃圾箱 / 推行禁烟政策
总得有人照顾孩子	提供一个照顾孩子的地方	象棋区与儿童区相连 / 为儿童提供设施
必须自己带下棋用具	提供下棋用具	提供棋子 / 使用电子棋子
棋盘 希望能移动棋子	棋子和棋盘分开	用能拿起的棋子
棋子很容易丢失	防损设计	设置警报 / 把棋子固定住 / 使用特殊材料
下棋者长时间坐着，因为对下棋上瘾	设置提醒	增加休息提醒功能 / 提供活动空间
天气不适合户外活动	棋盘容易被覆盖	建一个亭子或棚子 / 建立一个室内活动区
亭子 晚上看不见	提供光源	安装路灯或桌面灯 / 使用发光的棋盘
在晚上不容易找到下棋的区域	提供指导	增加夜间标识 / 设计直观引导标志

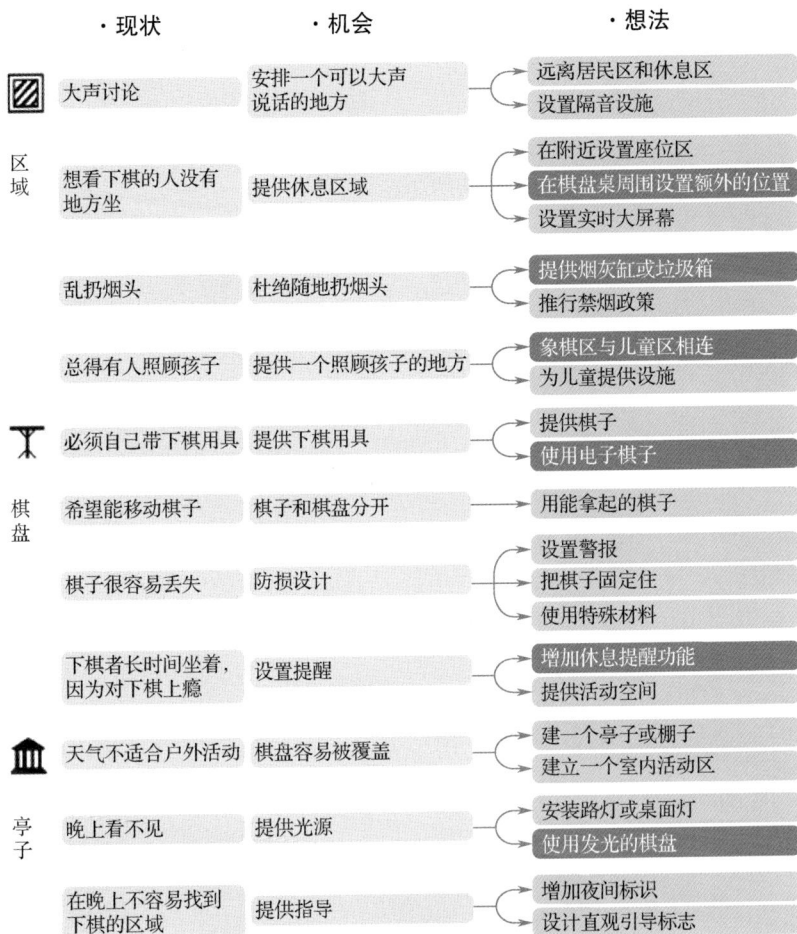

图 6-1　乡村太阳能公共设施设计构思

6.1.4　方案草图

我们通过对用户和市场进行调研，发现目前乡村公共娱乐设施主要是健身器材，不适合老年人使用，同时设备陈旧，分散布置，基本处于闲置状态。老年人日常基本围坐在公共休闲区域聊天、晒太阳。我们将老年人喜爱的下棋项目与公共休闲座椅组合，使用太阳能实现对休闲区域的基础用电供给。方案分别采用分离式和组合式布局，分离式的桌子更加便捷，可以多人灵活使用，但过于分散，缺乏区域完整性；组合式的桌子更具有整体性，但不利于用户进出，且容易相互干扰。棋盘草图，如图 6-2 所示。

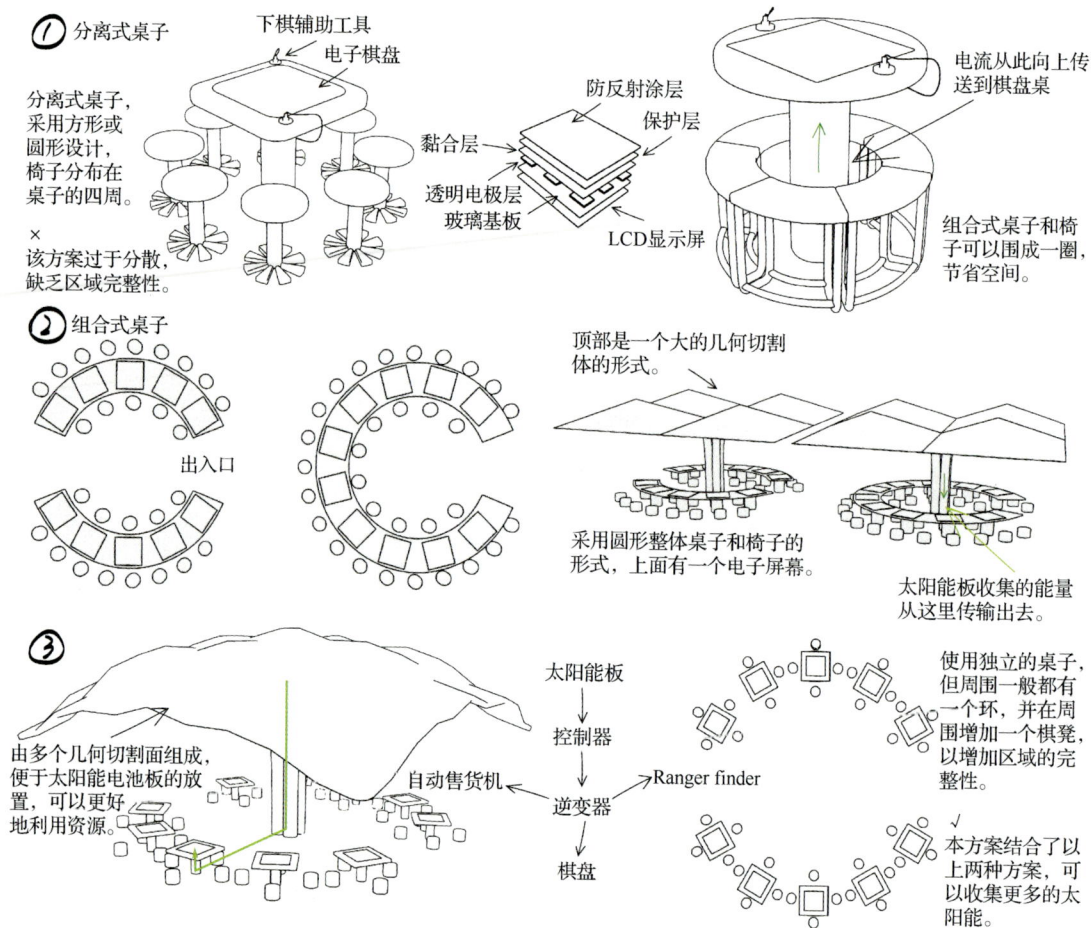

① 分离式桌子

下棋辅助工具
电子棋盘

分离式桌子，采用方形或圆形设计，椅子分布在桌子的四周。

× 该方案过于分散，缺乏区域完整性。

防反射涂层
保护层
黏合层
透明电极层
玻璃基板
LCD显示屏

电流从此向上传送到棋盘桌

组合式桌子和椅子可以围成一圈，节省空间。

② 组合式桌子

出入口

顶部是一个大的几何切割体的形式。

采用圆形整体桌子和椅子的形式，上面有一个电子屏幕。

太阳能板收集的能量从这里传输出去。

③

由多个几何切割面组成，便于太阳能电池板的放置，可以更好地利用资源。

太阳能板
控制器
逆变器
棋盘

自动售货机

Ranger finder

使用独立的桌子，但周围一般都有一个环，并在周围增加一个棋凳，以增加区域的完整性。

√ 本方案结合了以上两种方案，可以收集更多的太阳能。

图 6-2　棋盘草图

6.1.5　方案确定及细节说明

1. 方案确定

我们通过研究分析，最终确定亭子式样为多个几何体切割面组成，以使太阳能收集转化效率达到最佳。同时，使用整体为圆环状的分离式桌椅，不仅方便用户选择与通行，还增加了公共设施的完整性。该区域主要分为四个空间——儿童区域、下棋区域、休闲区域、篮球场，每个区域都可以拆分成独立的部分存在。下棋区域在中间，并且配有健身器材，人们可以在下棋的间隙进行其他活动。同时，附近为带孩子的人设置了儿童区域。

区域规划图和初步区域效果图，如图 6-3 和图 6-4 所示。

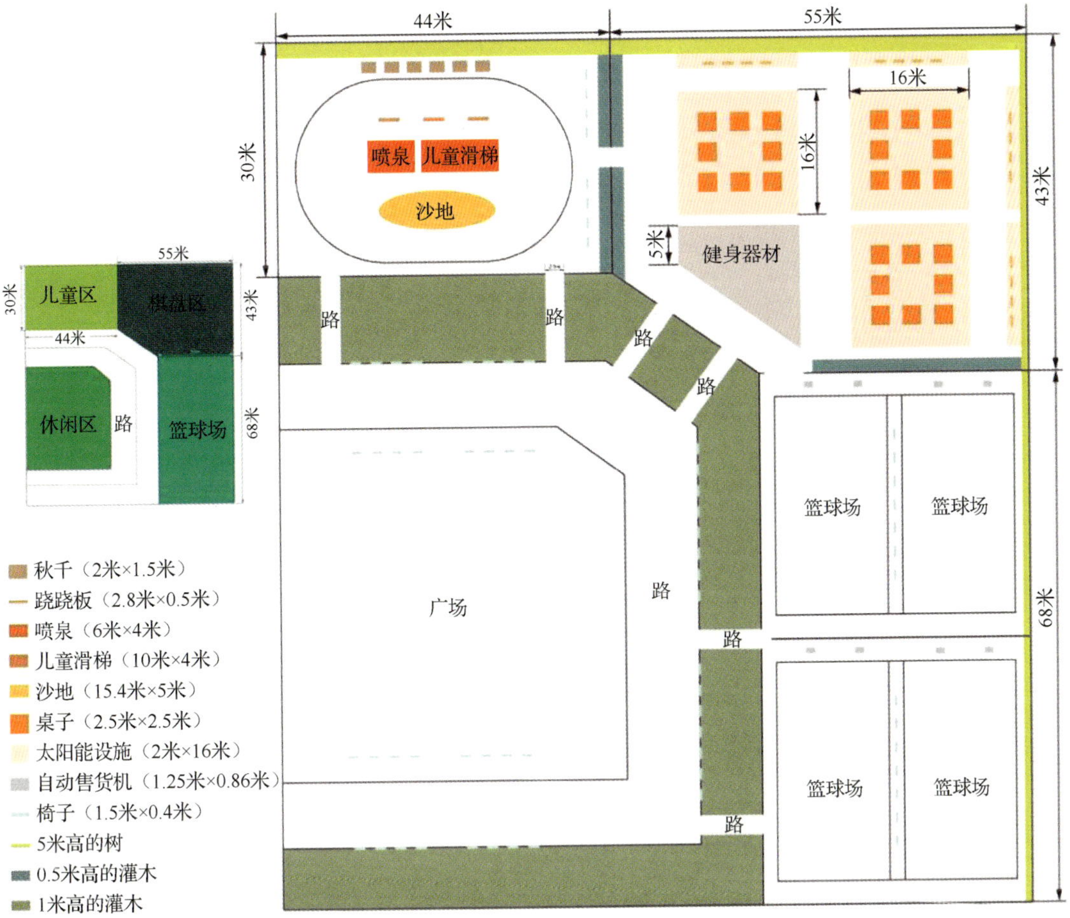

44米
55米
30米
43米
68米
16米
16米
5米
喷泉
儿童滑梯
沙地
健身器材
路
广场
篮球场
篮球场
篮球场
篮球场
儿童区
棋盘区
休闲区
篮球场
秋千（2米×1.5米）
跷跷板（2.8米×0.5米）
喷泉（6米×4米）
儿童滑梯（10米×4米）
沙地（15.4米×5米）
桌子（2.5米×2.5米）
太阳能设施（2米×16米）
自动售货机（1.25米×0.86米）
椅子（1.5米×0.4米）
5米高的树
0.5米高的灌木
1米高的灌木

图 6-3　区域规划图

图 6-4　初步区域效果图

2. 设计细节说明

亭子由多个几何切割面组成，便于太阳能板的放置，以更好地利用资源。亭子配合每个区域，分开设置，如图 6-5 所示。

图 6-5　棋盘区域顶视图

休闲座位区采用与主题相同的绿色，座椅底部加厚，轻微倾斜，使之更加稳定，并扩大镂空部分，便于通风，如图 6-6 所示。

图 6-6　座椅区域展示

在考虑老年人需求的同时，兼顾乡村旅游人群对休闲娱乐的需求。下棋区域的电子棋桌提供十种板，可以通过触摸屏幕直接操作，如图 6-7 所示。对于不方便触摸的人，提供触摸屏辅助工具。

图 6-7　下棋状态展示

电子棋桌的用户界面主要分为欢迎界面、介绍界面、选择界面、游戏进行界面、结束界面，并附有使用说明。棋盘涵盖目前流行的棋类，还具有规则提醒界面和时间提醒界面，便于用户进行游戏，如图 6-8 所示。

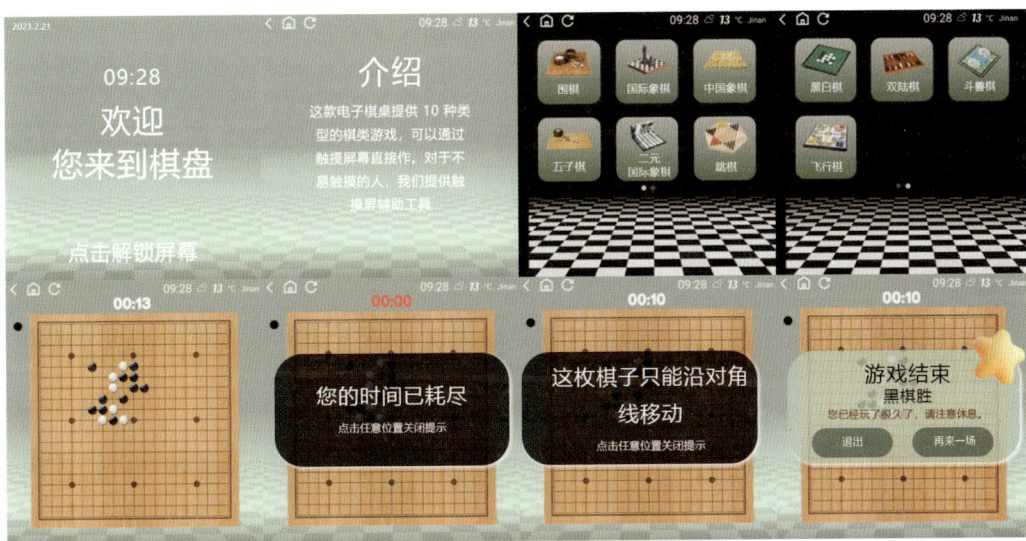

图 6-8　用户界面展示

6.1.6　最终效果

乡村太阳能公共设施设计在满足乡村老年人对休闲活动需求的同时，兼顾乡村旅游用户的娱乐需求，为提升乡村风貌、盘活乡村旅游资源提供了一些思路。本案例中的乡村太阳能公共棋盘展示效果，如图 6-9 所示。

图6-9　乡村太阳能公共棋盘展示效果

6.2　报废汽车再改造设计

可持续发展是社会未来发展努力的方向，也是现在的热门话题。随着城市化进程的推进，国内汽车保有量及汽车驾驶人数量持续增长，相应的报废汽车数量也呈现增长趋势。在这一背景下，报废汽车的绿色回收过程从理论回收阶段转向实际回收阶段。然而，报废汽车拆解行业乱象频出，回收渠道不规范、拆解技术较低等问题给环境带来不可恢复的压力。我们结合市场需求，从延长报废汽车生命周期、提高循环经济价值的角度思考报废汽车再改造设计问题。

6.2.1　课题分析

我们围绕报废汽车，深挖市场需求。报废汽车作为循环经济上游重要的原材料来源，相对于其他物资，具有存量大、价值高、零件可再生使用等特点，具有较高的经济价值。随着我国汽车保有量的增加，报废汽车回收拆解行业在国家有关政策的扶持下迅速发展，以解决报废汽车再利用设计与绿色环保的问题。本设计结合现有改造房车的实际案例，探究在露营情境下报废汽车的利用价值。

6.2.2　选题背景和意义

近年来，国内报废汽车数量激增，报废汽车成为"城市矿产"重要的组成部分，合理处理报废汽车能够给社会带来一定的经济效益和社会效益。目前，我国报废汽车回收拆解行业的政策体系逐渐完善，具有报废汽车拆解资质的企业数量持续增加，使报废汽车的回收量呈现上涨趋势，如图6-10所示。但是，报废汽车回收拆解行业同时存在一些问题，如正规渠道回收率低、企业盈利能力差、产品附加值低、有资质企业技术差等。汽车拆解之后能够被回收利用的部分，包括废钢铁，以及较大、易分拣的有色金属；其余部分，如废油液等，很难被有效回收，被当作垃圾填埋或进行焚烧处理。因此，报废汽车回收、拆解、粉碎、再利用等每个环节都需要严格遵守相关规定，否则将对环境造成不可挽回的巨大压力。

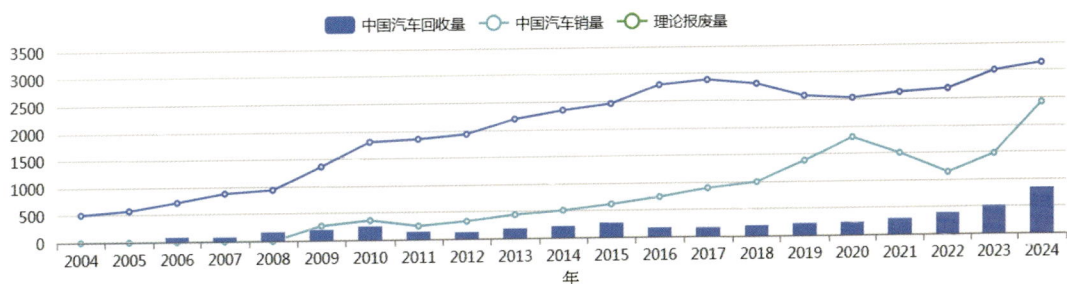

图6-10　2004—2024年中国汽车报废和回收情况（单位：万辆）

6.2.3　用户分析

现在，越来越多的人开始重视健康和户外运动，无法实现长期旅行的年轻人逐渐选择加入露营队伍。这种短暂的逃离城市计划，催生了"露营热"这一现象。相较以往的露营方式，当下人们的消费需求不断升级，"精致露营"这一词汇随之火爆出圈。精致露营自然离不开露营场所和设备。

家庭式露营群体一般渴望探索未知的自然环境和进行冒险体验，与自然环境建立联系，在享受自然的同时增加家庭成员之间的交流互动。例如，露营可以提供自主和自给自足的体验，可以让用户远离城市的喧嚣和压力，在完成探险或其他活动的同时增加自信心和成就感。

我们分析喜爱露营的人的生活习惯，可以看出此类群体具有较高的生活品质和卫生条件要求。同时，他们大多数钟爱鲜艳和亮丽的配色。

6.2.4 设计定位

本设计基于产品生命周期理论，对报废汽车进行再利用设计，探讨在精致露营背景下，面向家庭式露营群体的宿营车设计。本设计以增强报废汽车回收市场的活力为目标，结合当下露营热潮，刺激游客参加露营活动的积极性，同时增加报废汽车的附加价值。本设计选用 9 ~ 12 座型（轻客）面包车，基本空间尺寸为 5.65 米 ×2.098 米 ×2.645 米。

6.2.5 设计构思

家庭式露营人数一般为 2 ~ 4 人，年龄老、中、幼跨度较大，因此在旅居车空间分布和室内设施的人机尺寸上需要兼顾。

1. 厨房分区

厨房主要包括三个区域——烹饪区域、洗涤区域、处理区域，三个区域按照洗菜、切菜、烹饪的顺序排列。三个区域形成的三角形边框距离越短越好，减少行走和劳动强度。除台面布置之外，厨房分区的上层空间多为橱柜，便于空间整理且有助于用户操作。

在宿营车中，厨房分区可以位于车身入口，这样有利于厨余垃圾的倾倒及油烟的排除，以保证内部空间干净整洁。此空间还可以与用餐空间合并，以较好地利用整车的空间。

厨房分区若位于车身中部，则使工作区与过道平行，合理利用过道空间，缩短前后走动距离。

为提高舒适度，厨房分区需具备良好的通风和照明，因此该区域需要有窗户进行通风和采光，也包含抽油烟机和照明设备。

2. 卧室分区

卧室分区一般位于车身尾端，这样可避免与其他空间形成干扰，同时具有一定的私密性。车内的起居空间主要受限于车体本身的宽度与固定部件的位置，除床铺设置外，还要预留出一条过道。

床型一般分为整床、双人床和上下床。整床即床铺占满整个分区，不限制用户的睡觉姿势；双人床在中间进行分割，留出过道空间，降低双人睡眠时的干扰，保证睡眠的舒适性。

过道空间在夜晚可以利用起来，拼成一张整床，增加起居范围。上下床只占一人床位宽度，可以充分利用纵向空间，增加分区的其余设计区域。

多人居住的时候可以采用帘子、屏风等增加用户隐私性。另外，小范围内的窗户采光也可以增加用户舒适度。

3. 卫浴分区

车身内部空间有限，可以用三面围合的方式创造用户隐私空间。卫浴空间往往具有分割两个区域的作用，需要借助车厢外壳进行支撑。

卫浴空间若设置在车身中部，属于对空间前后分区的分解，需要注意与其他分区之间的关系。例如，卫生间门口尽量不要正对餐饮区及床头。卫浴空间在车身尾部时，对整体空间的割裂感较小，可以有效控制卫生间与餐饮区的距离。

卫浴空间主要包括洗手池、淋浴区和厕所。根据人机关系，每种设施的高度略有不同。厕所可以采用便携马桶、蹲厕或小型固定马桶，每种方式都需要考虑污水处理管道与黑水箱的位置安排。根据现有案例分析，卫浴空间可以充分进行空间折叠，如使用隔板，通过抽拉进行洗漱与淋浴功能的转化。

6.2.6 方案确定

通过论证，充分考虑分区设施完善度、分区衔接合理性、配色、人机关系、车内空间的完整性等问题，最终车内空间效果如图 6-11 ~ 图 6-13 所示。

图 6-11 添加半个车架之后的建模展示

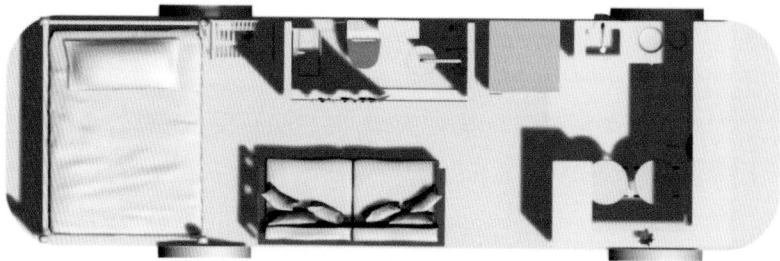

图 6-12　室内空间俯视图

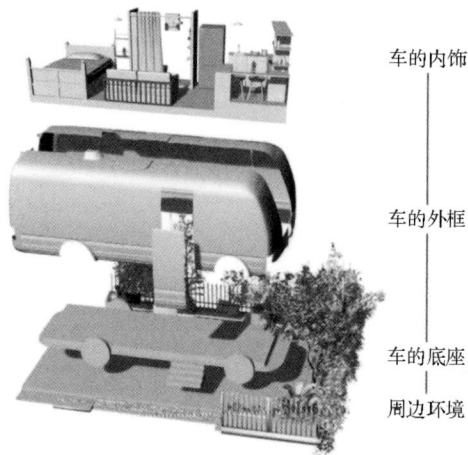

车的内饰

车的外框

车的底座

周边环境

图 6-13　爆炸图展示

根据分区的不同，各部分的内容也不尽相同，如图 6-14 所示。其中卧室分区主要包括床、花架、沙发；卫浴分区包括两侧分隔挡板、洗漱台、小型马桶、淋浴区、置物架等；厨房分区有清洗池、灶台、餐桌、抽油烟机、收纳区等。

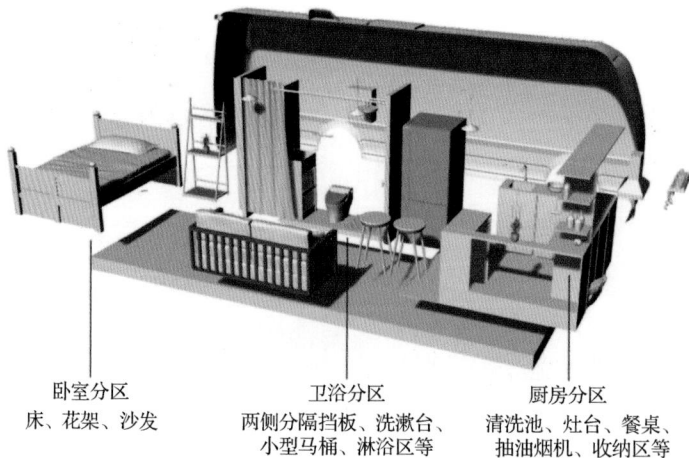

卧室分区
床、花架、沙发

卫浴分区
两侧分隔挡板、洗漱台、
小型马桶、淋浴区等

厨房分区
清洗池、灶台、餐桌、
抽油烟机、收纳区等

图 6-14　各分区具体设施示意图

配色方案经过选择与调整，空间与家具以暖色为主，添加木色与适当的亮色，如图 6-15 所示。

图 6-15　室内空间渲染配色图

6.2.7　最终产品效果

宿营车内部空间与外部环境整体效果，如图 6-16 所示。

图 6-16　整体场景渲染图

6.3　虚拟互动建构类儿童玩具设计

有研究表明，玩具对儿童脑神经突触的生长发育很有帮助。好的玩具对儿童的影响是多方面的，对儿童的智力、想象力和认知水平都有积极的影响，在培养儿童的语言能力、行为习惯和社交基本技巧等方面都有着不可代替的作用。我国玩具行业起步较晚，技术基础相对薄弱，发展速度缓慢，主要聚焦满足儿童生理成长的基本需求，而未能充分覆盖儿童心理及其他层面的需求。新一代家长的育儿理念正在发生改变，我国儿童玩具行业也正在经历一场重要的转型，即从传统玩具向技术集成型玩具的演进。针对此类需要改变或转型的产品市场进行分析，需要投入较大精力，而市场分析的准确性关乎设计研发的成功率。

6.3.1 课题目标

本课题旨在顺应时代发展，响应当前市场需求，通过对竞品进行分析寻找儿童玩具设计的空白点，探索并开发一种融合虚拟互动技术的建构类儿童玩具；通过设计创新和应用先进技术，弥补传统儿童玩具互动性和趣味性的不足，满足当代家长对教育性玩具的要求。

6.3.2 课题背景及意义

从市场角度，根据《中国儿童玩具市场研究报告》，尽管 2023 年国内市场玩具（不含潮流和收藏玩具）零售总额达 906.9 亿元，但具备虚拟互动功能的玩具产品所占比例相对较低，这表明市场对这类玩具的需求尚未得到充分满足。虽然玩具市场潜力巨大，但目前市场上真正融合了虚拟互动技术的儿童玩具产品并不多，仍然存在市场空缺。

"虚拟互动建构类儿童玩具设计"的意义在于让儿童能够自主探索和操作，在帮助儿童更加合理地使用智能移动设备的同时，减轻家长在儿童教育和娱乐活动中的参与负担。玩具互动方式的创新不仅能够激发儿童的想象力和创造力，还能通过建构活动提高儿童的动手能力和解决问题的能力，进而提升儿童的自主学习能力。从行业角度看，为建构类儿童玩具设计提供新的思路和方法，可以推动虚拟互动技术在儿童教育和娱乐领域的应用，推动儿童玩具行业向更智能、更互动的方向发展，为儿童全面成长和健康发育做出一些有益的探索和尝试。

6.3.3 建构类儿童玩具市场现状

随着科技的进步和教育理念的更新，玩具的分类越来越细化，以适应不同年龄段儿童的发展需求，如表 6-1 所示。建构类儿童玩具作为其中的一个重要分支，因其在促进儿童动手能力、空间智能和创造力方面的显著效果而受到家长和教育者的推崇。

表 6-1　按照游戏类别分类的儿童玩具类型

玩具类型	玩具图片
工具类	
建构类	
装扮和角色扮演类	
竞技游戏类	
运动娱乐类	
艺术媒体类	
教育学习类	

1. 建构类儿童玩具分类

市场上的建构类儿童玩具是指利用各种建筑和结构材料（积木、积塑、金属结构材料、沙、雪等）进行各种建筑和构造活动，以及反映现实生活的玩具。建构类儿童玩具的主要类型有积木玩具、积塑玩具、积竹玩具、金属构造玩具、拼棒玩具、拼图玩具、玩沙水雪石等自然材料玩具等。这类玩具通常要求儿童按照一定的逻辑顺序操作，不仅可以锻炼儿童的动手能力，还有助于培养儿童的空间想象力和解决问题的能力。

通过桌面调研的方式对市场上的建构类儿童玩具进行采样与分类，按照结构类型进行分类，可以将建构类玩具分为平面拼片类、堆叠类、非交互组装类、交互组装类，如图6-17所示。平面拼片类玩具通常由扁平的几何部件组成，根据一定的形状和图案组合变化，将组件拼凑在一起；堆叠类玩具将不同形状或大小的几何部件按照一定的顺序简单堆叠起来；非交互组装类玩具涉及结构更复杂、造型更多样的组件，儿童按照说明书或自由发挥想象力，将部件以一定的链接结构拼接在一起；交互组装类玩具是一类集成电子元件、传感器或移动设备等的高级建构类玩具，能够与儿童的动作或指令进行互动，响应儿童的操作并给出反馈。

图 6-17　市场现有建构类儿童玩具的分类

2. 建构类儿童玩具的连接方式

市场上常见的建构类儿童玩具的连接机制主要可分为三大类——插入式、磁吸式和吸附式。根据部件间接触的形状，这些连接方式进一步细分为点连接、线连接和面连接等不同类型，如图 6-18 所示。

图 6-18　建构类玩具的连接方式

（1）插入式。

插入式建构类玩具的部件通过特定的接口嵌合，其中点连接依靠精准的小接触点固定，类似常见的拼图玩具；线连接则通过较长的接合边，让儿童能够搭建出连续的结构；面连接则涉及较大面积的接触，适合构建宽广的平面或立体形状。这种类型的玩具易于操作、结构稳定且变化多样，受到广泛欢迎。

（2）磁吸式。

磁吸式建构类玩具利用磁力进行部件间的连接，分为点磁吸、线磁吸和面磁吸三种方式。点磁吸通过小面积的磁铁实现部件的吸附；线磁吸通过磁铁的线性排列，让玩具能够组成更长的结构；面磁吸则通过更大接触面的磁铁，确保部件之间的牢固连接。

（3）吸附式。

吸附式建构类玩具通过物理吸附作用来固定部件，其中点吸附通常利用部件间的气压差来紧固，这种方式在需要精细对接的玩具设计中较为常见。

3. 国内外建构类儿童玩具品牌及产品分析比较

我们通过对市场上主流产品的竞品进行分析，发现当前市场上的建构类儿童玩具普遍采用绚丽的色彩设计，以吸引儿童的注意力。例如，乐高（LEGO）的 Classic 系列以其鲜明的红、蓝、黄等原色积木受到广泛欢迎，这样的配色方案不仅提升了产品的辨识度，还迎合了儿童对鲜艳色彩的偏好。与此同时，市场上也有以自然色调为特点的产品。例如，海普（Hape）的木质玩具，其舒适的自然色彩可以满足不同年龄段儿童在视觉和心理发展方面的需求。国内外受欢迎的建构类儿童玩具品牌及产品，如表6-2所示。

表 6-2 国内外受欢迎的建构类儿童玩具品牌及产品

品牌及产品名称	产品图例	色彩	材料	工艺	虚拟互动技术
Krooom 纸质积木		柔和的自然色调或明亮的颜色	环保纸板材料	激光切割或数控切割	无
乐高（LEGO）FUSION系列		鲜艳的红、蓝、黄等基本色彩	高质量的ABS塑料、回收PET、生物基塑料	高精度注塑成型工艺	增强现实技术
普兰玩具（Plan Toys）		天然木材的原始色泽	天然橡胶木和无毒染料	手工打磨和精细的表面处理工艺	无
费雪（Fisher-Price）探索学习系列		鲜艳的红、蓝、黄等基本色彩	塑料和内置磁铁	注塑成型，磁铁嵌入装配	无
海普（Hape）		温暖、自然的色彩	竹子、木头	天然、无毒的涂层	无
Mega Bloks		红、黄、蓝、绿等鲜艳色彩，以及一些中性色调	高品质ABS塑料	注塑成型工艺，表面打磨抛光	无

品牌及产品名称	产品图例	色彩	材料	工艺	虚拟互动技术
安尼博乐（AniBlock）增强现实积木		明亮的红、黄、蓝、绿、橙及黑、白、灰	ABS塑料	磨砂或UV涂层	增强现实技术

通过上面的分析对比，我们可以看出在材料方面，木材和塑料是建构类儿童玩具最常见的两种材质。木质玩具因其天然质感和温馨外观而受到家长和儿童的青睐，塑料玩具则因其轻便性、耐用性及成本效益而得到广泛应用。

在工艺处理上，市场上的建构类儿童玩具表面处理工艺多样，从光滑的涂层到采用环保水性漆，这些不同的工艺不仅影响玩具的外观和触感，还与儿童的健康和安全息息相关。

在虚拟技术的应用方面，增强现实（AR）技术在儿童玩具中的应用尤为显著。增强现实技术通过在现实世界中叠加数字信息，为儿童提供了一个交互性强、富有想象力的游戏环境。例如，乐高的 FUSION 系列利用增强现实技术，使传统积木游戏与数字化内容结合，为儿童提供了一个在现实世界与虚拟世界之间自由转换的创新平台，从而激发儿童的创造力和解决问题的能力。安尼博乐的增强现实积木则通过手机或平板电脑的摄像头识别积木，将儿童的实体搭建作品转化为屏幕上的动画角色，并通过互动游戏教授儿童英语单词，实现了教育与娱乐的有效结合。虚拟现实（VR）技术通过创造一个完全数字化的环境，为儿童提供了一种全新的探索和学习方式。但是，集成增强现实和虚拟现实技术的玩具价格昂贵，难以触及更广泛的消费群体，且市场上现有的增强现实玩具在功能上往往较为单一，缺乏能够持续吸引儿童兴趣的深度互动性和创造性，这些因素制约着增强现实与虚拟现实技术的普及与应用。因此，发掘成本效益更高、技术成熟且更具有创新性和教育价值的虚拟互动技术迫不及待。

6.3.4 虚拟互动建构类儿童玩具设计要素及定位

建构类儿童玩具设计侧重于玩具的安全性、模块化和寓教于乐。安全性是儿童玩具设计的首要考量要素。根据国家标准《玩具安全》（GB 6675），玩具设计必须避免小部件和尖锐边缘，确保使用无毒材料。玩具的尺寸和重量也应该适合儿童的操作能力，避免造成不必要的伤害。

建构类儿童玩具以其独特的"模块化"特质，在激发儿童创造力和解决问题能力方面发挥着重要作用。模块化设计的核心在于提供多功能性和可变性。儿童通过精心设计的模块组合，可以在玩耍的过程中探索不同的构建方式，从而激发出想象力和创造力。这种设计不仅增加了玩具的趣味性，还延长了玩具的使用寿命，因为随着儿童的成长，他们可以不断发现新的玩法。

　　寓教于乐是建构类儿童玩具设计的重要目标，设计师应当将教育元素自然融入玩具中。例如，通过色彩、形状和结构设计，引导儿童学习基本的数学和科学概念。本课题设计包含科学、技术、工程、数学（STEM）元素的玩具，如附带数学游戏的建构类玩具，以促进儿童认知和动手能力的发展。这些设计不仅为儿童提供了娱乐，还具有教育意义，可以满足家长对教育玩具的期望。

　　综合以上设计要素，本课题旨在设计一款适合 6 岁以上儿童的建构类玩具，融合摄影测量技术，以创造一个实体与虚拟结合的互动学习环境。设计初衷是提供一种富有教育意义且互动性强的娱乐方式。用户首先需要通过智能设备获取并安装特定的小程序，随后完成基本的设置流程，包括创建用户账户和输入儿童相关信息。在儿童动手组装实体玩具的过程中，鼓励他们发展动手操作能力和空间理解能力。在组装完成后，小程序利用设备的摄影测量功能，自动获取玩具的三维形态，并与数字模型进行精确匹配，从而确保用户界面的直观性与互动性。产品使用流程，如图 6-19 所示。

打开"奇幻建构家"小程序进入主页，开启闯关。

根据任务提示搭建实体场景。

用小程序扫描功能对场景多角度拍照，加载3D模型。

得到虚拟3D模型，进行个性化编辑，创建自己的小世界。

图 6-19　产品使用流程

6.3.5　虚拟互动建构类儿童玩具实体部分设计

　　玩具的实体部分设计注重结构的稳定性与细节的精致性，以确保玩具在提供互动体验的同时，能够保障儿童的使用安全。

　　在结构设计方面，我们考虑到玩具的耐用性和可玩性，采用了模块化设计策略。模块化基础部件，如图 6-20 所示。此设计允许儿童自由组合和拆卸玩具，不仅增强了玩具的互动性，还提高了其长期使用的灵活性。在尺寸设计上，基于儿童人机工程学研究，6 岁以上儿童手长 120 毫米左右，手宽 6 厘米左右，基础部件最长不超过 154 毫米，最短不小于 26 毫米，设计玩具握持直径 26 毫米。玩具尺寸贴合 6 岁及以上儿童手部大小，易握易拼，可以培养儿童的精细操作和空间认知能力。

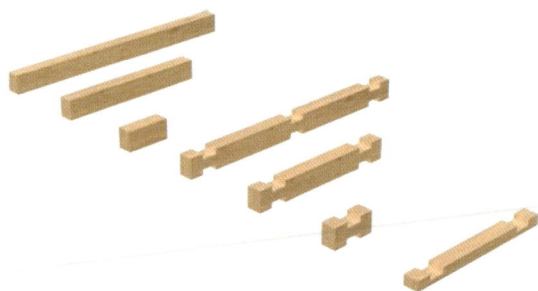

图 6-20　模块化基础部件

　　实体玩具由基础部件、特殊部件和连接卡扣三部分组成，以实现结构的稳定性和造型的多样性。基础部件包括榫卯基础部件和普通基础部件，榫卯基础部件包括四种尺寸，普通基础部件包括三种尺寸，为儿童提供丰富的构建选项。特殊配件共 5 种，涵盖窗户、房顶、树木等元素，能够丰富场景，开拓儿童的想象力和创造力。另外，还有连接卡扣 1 种，共 25 个，宽度为 10 毫米，不仅具备 360 度旋转功能，还能与基础部件实现紧密连接。这种设计巧妙地将传统榫卯结构的精髓与现代连接技术结合，创造出一个既稳固又灵活的构建系统。玩具零部件清单，如表 6-3 所示。

表 6-3　玩具零部件清单

序号	名称	尺寸 / 毫米	颜色	图片	数量 / 个
1	榫卯1	26×9×12	原木色		30
	榫卯2	90×9×12	原木色		30
	榫卯3	154×9×12	原木色		30
	榫卯4	90×9×6	原木色		15
2	普通1	26×9×12	原木色		20
	普通2	90×9×12	原木色		20
	普通3	154×9×12	原木色		20

序号	名称	尺寸/毫米	颜色	图片	数量/个
3	窗户	90×9×50	原木色		4
	房顶	90×12×12	原木色		2
	树1	35×9×21	绿色		2
	树2	35×9×19	绿色		2
	树3	32×9×19	绿色		2
4	双向360度旋转卡口	25×10×12	黄色		25

在色彩选择上，玩具基本部件保留自然原木色，将其作为主要配色方案，突出选材的真实性、环保性和亲近自然的感觉。同时，原木色的温暖质感能够为儿童提供一种舒适和安心的玩耍体验。原木色在设计中体现了一种简约美学，不仅减少了对儿童视觉系统的过度刺激，还有助于培养儿童的审美观念和对自然色彩的欣赏能力。在玩具其他部分，如卡扣或装饰元素，适当使用互补色橙色、绿色来增强视觉效果。产品彩色效果图，如图6-21所示。

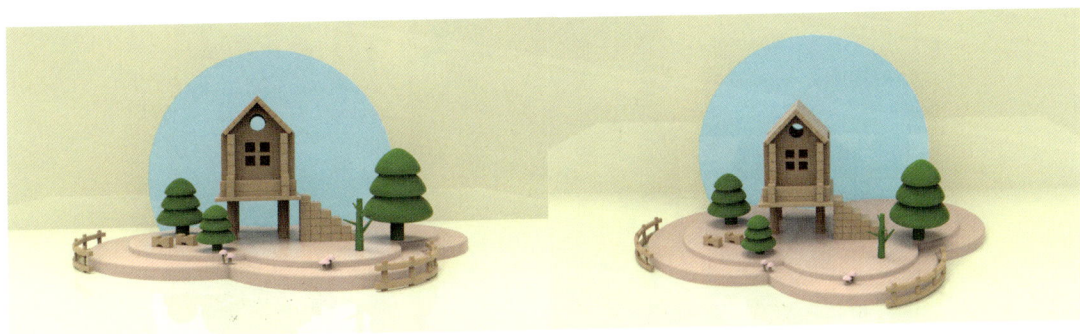

图 6-21　产品彩色效果图

6.3.6　虚拟互动建构类儿童玩具虚拟交互界面设计

本产品小程序界面的设计以儿童用户为中心，注重简洁直观的操作体验；界面采用明亮的色彩和大图标，以吸引儿童的注意力并提升操作的便利性；在设计中注重减少操作步骤，确保用户可以快速找到并使用主要功能，如扫描、上色和材质选择；在色彩选择上，以清爽、干净的绿色、白色为主色，如图 6-22 所示。

图 6-22　小程序界面设计

在功能上，小程序提供 3D 扫描与建模功能，儿童可以扫描自己的积木作品，生成精确的 3D 模型（如图 6-23 所示），并在小程序内编辑、上色和添加虚拟材质。所有扫描的模型会被放入"建构师小屋"中，小程序以网格形式展示已经创建的模型缩略图，儿童轻触就可以进入编辑或查看模式。小程序提供添加新模型或编辑现有模型的选项。这不仅激发了儿童的创意，还提升了儿童对颜色和形状的认知能力。

图 6-23　实体玩具转化成 3D 虚拟模型

此外，小程序还具有"我的小世界"功能。儿童可以在互动地图上自由拖动和放置各种模型，创建属于自己的虚拟世界。这个功能支持保存和分享。同时，小程序内还设有任务章节与挑战模块，如图 6-24 所示。根据儿童心理特点和接受能力，小程序设立不同的搭建任务，如重建历史建筑、设计环保城市等，儿童通过搭建积木的过程学习工程、建筑、艺术等知识。小程序提供互动课程和教程，激励儿童提高创造力和动手能力，实现寓教于乐的目的。

图 6-24　小程序任务章节与挑战模块

本课题的实践意义在于通过创新的设计理念和技术手段，为儿童提供一种全新的玩具体验，结合传统建构类积木玩具的优点和现代虚拟技术的优势，实现了教育和娱乐的有机结合。

6.4　基于情感化的母婴室设计

情绪价值能够提供情感慰藉和获得精神支持的感受，这种情绪不仅是愉悦感，还包括安全感、认同感、归属感和自我实现等。情绪价值成为当今产品设计追求的主要情感功能之一。产品要提供准确的情绪价值，就要对用户做深入分析，以准确获取用户需求和产品痛点。

6.4.1　课题目标

随着生活品质的提升和育儿观念的转变，越来越多的家庭热衷于携子出游，享受亲子时光。这使人们对户外母婴室的需求愈发显著。本设计的目的是满足育婴群体在户外活动中对私密性、舒适性、安全性的需求。我们分析用户的行为特点，深挖用户的需求，强调无性别差异的使用体验，倡导父母共同参与婴幼儿的照顾过程。我们通过设计为携婴者提供更为便捷舒适的户外育婴服务，推动公共育婴空间的发展，以构建一个更加友好、包容的育婴环境。

6.4.2 选题背景及母婴室建设现状

随着国家生育政策的持续优化，各大城市相继迎来新一轮的"婴儿潮"，让育婴问题再次成为公众关注的焦点。携婴者在日常外出时，常常面临婴儿哺乳、换尿布等诸多不便。为了应对该问题，目前公共场所广泛设立母婴室。然而，随着育婴需求的增加，现有的母婴室在环境、位置及空间供应等方面与育婴群体的实际需求之间的不匹配问题日益凸显，如图 6-25 所示。

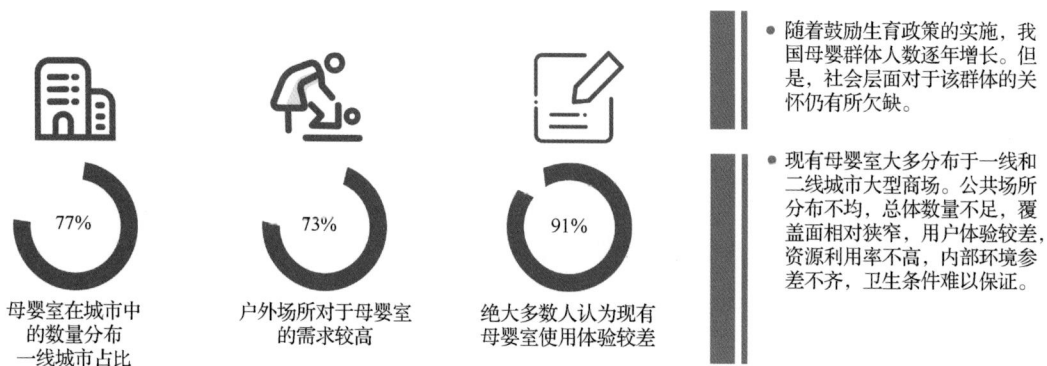

- 随着鼓励生育政策的实施，我国母婴群体人数逐年增长。但是，社会层面对于该群体的关怀仍有所欠缺。

- 现有母婴室大多分布于一线和二线城市大型商场。公共场所分布不均，总体数量不足，覆盖面相对狭窄，用户体验较差，资源利用率不高，内部环境参差不齐，卫生条件难以保证。

77% 母婴室在城市中的数量分布一线城市占比

73% 户外场所对于母婴室的需求较高

91% 绝大多数人认为现有母婴室使用体验较差

图 6-25 现有母婴室存在的问题

商场、购物中心等人流密集的区域通常都设有母婴室，这些母婴室的指示标志明确，便于携婴者轻松找到并使用。尽管一些医院和交通枢纽已经配备了母婴室，但它们的实际利用率普遍不高。反观开放性的公共场所，如公园等户外环境，母婴室的数量显得尤为稀缺，而且不易迅速定位。这种设施分布不均的状况，无疑给需要母婴室服务的用户带来极大的不便。根据此类情况，我们将设计定位为户外公共场所母婴室。

当前市场上的母婴室主要可以分为大型固定式与小型移动式两大类。基于调研数据，我们将用户的使用反馈总结如下：

（1）室内必需物品的种类完备性不足，用户个人物品的存放便利性也有待提升。这些问题给用户带来不便，影响母婴室的实用性和便捷性。

（2）维护层面存在显著问题。由于室内清洁维护和物品更新的责任落实不到位，导致部分母婴室环境状况不佳，极大地降低了用户的使用感受。

（3）用户在母婴室空间内的心理体验也值得关注，包括使用过程中的安全保障和隐私保护等方面。

6.4.3　用户研究

1. 使用人群分析

母婴室的主要使用者为 0 ～ 3 岁的儿童及其母亲。母亲肩负哺乳的任务，儿童大部分时间是由母亲独自或与家人共同照顾的。母亲希望在母婴室中找到为孩子哺乳和休息所需的便利设施。此外，父亲也可能成为母婴室的使用者。在现代社会中，父亲在儿童成长中扮演着越来越重要的角色，"奶爸"也越来越普遍，换尿布、喂辅食等任务已经不再是母亲的"专属"了。对于独自带孩子参加社会活动的父亲来说，母婴室的功能分区尤为重要，为他们提供了必要的便利。

我们将焦点进一步对准用户群体，通过深入进行调研访谈，明确目标用户画像及其在具体场景中的需求，如图 6-26 所示。

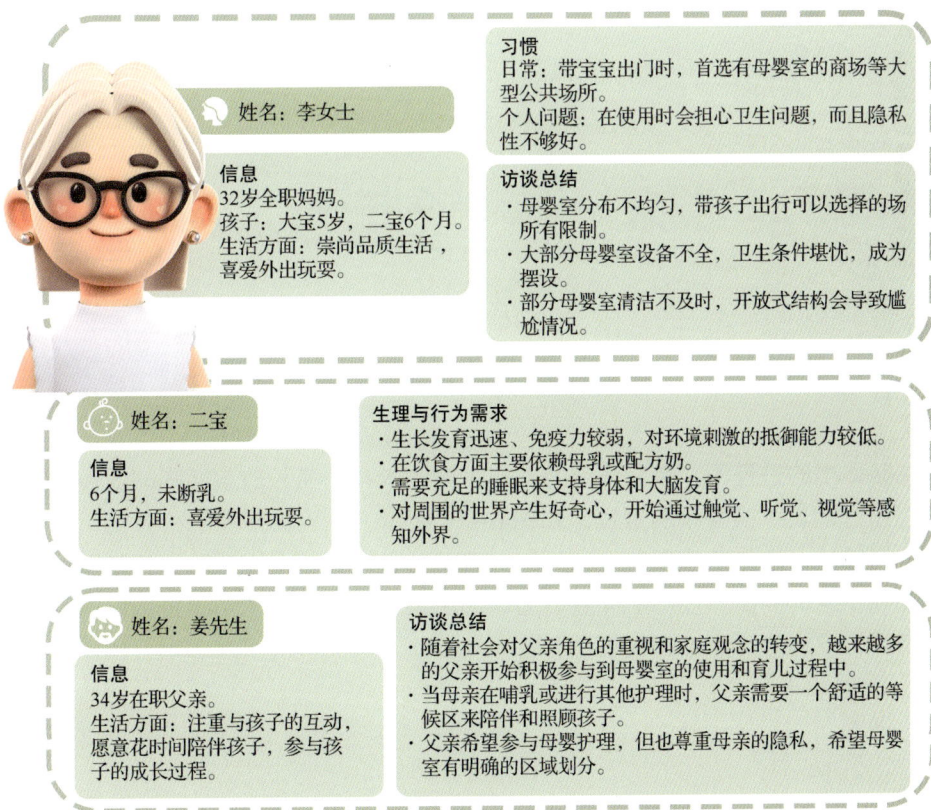

姓名：李女士

信息
32岁全职妈妈。
孩子：大宝5岁，二宝6个月。
生活方面：崇尚品质生活，喜爱外出玩耍。

习惯
日常：带宝宝出门时，首选有母婴室的商场等大型公共场所。
个人问题：在使用时会担心卫生问题，而且隐私性不够好。

访谈总结
· 母婴室分布不均匀，带孩子出行可以选择的场所有限制。
· 大部分母婴室设备不全，卫生条件堪忧，成为摆设。
· 部分母婴室清洁不及时，开放式结构会导致尴尬情况。

姓名：二宝

信息
6个月，未断乳。
生活方面：喜爱外出玩耍。

生理与行为需求
· 生长发育迅速、免疫力较弱，对环境刺激的抵御能力较低。
· 在饮食方面主要依赖母乳或配方奶。
· 需要充足的睡眠来支持身体和大脑发育。
· 对周围的世界产生好奇心，开始通过触觉、听觉、视觉等感知外界。

姓名：姜先生

信息
34岁在职父亲。
生活方面：注重与孩子的互动，愿意花时间陪伴孩子，参与孩子的成长过程。

访谈总结
· 随着社会对父亲角色的重视和家庭观念的转变，越来越多的父亲开始积极参与到母婴室的使用和育儿过程中。
· 当母亲在哺乳或进行其他护理时，父亲需要一个舒适的等候区来陪伴和照顾孩子。
· 父亲希望参与母婴护理，但也尊重母亲的隐私，希望母婴室有明确的区域划分。

图 6-26　用户画像及其在具体场景中的需求

2. 用户行为分析

我们将携婴者在户外使用母婴室的行为分为四个阶段——寻找母婴室、到达母婴室、使用母婴室、离开母婴室。我们梳理每个阶段的服务触点，分析携婴者在各个环节中的具体行为、实际体验与真实感受。我们通过观察和研究获取用户的原始需求，发现并挖掘设计上的潜在机会点，进一步优化母婴室的设计与服务，为携婴者创造更为舒适、便捷和贴心的使用体验，如图 6-27 所示。

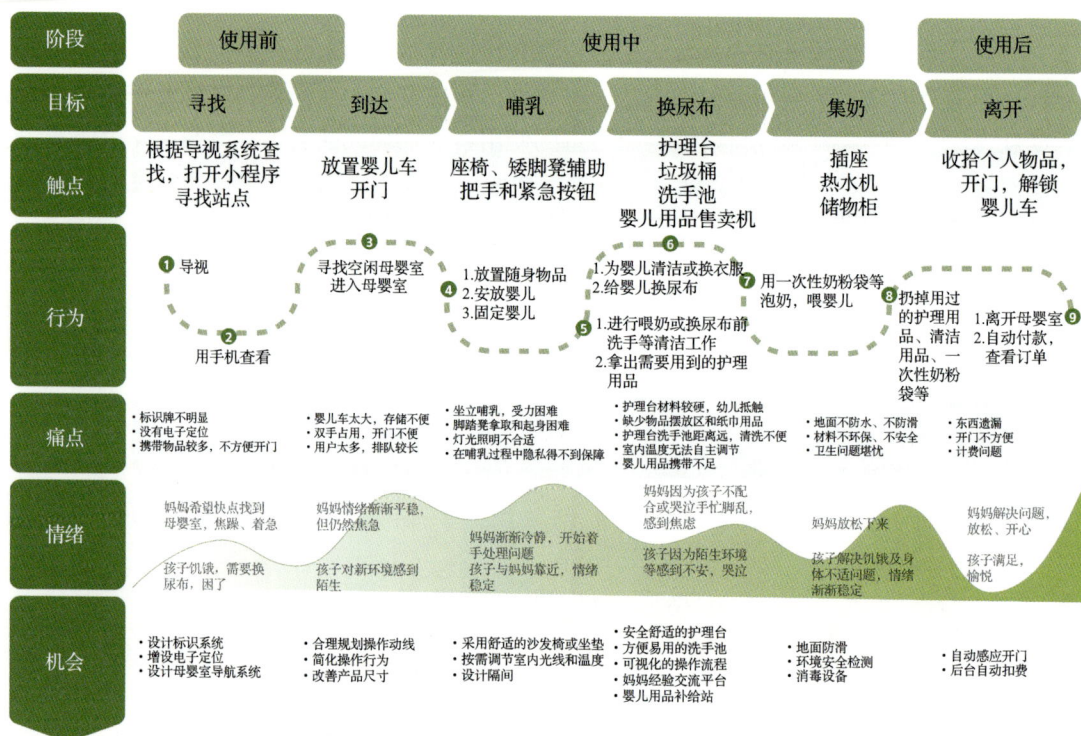

阶段	使用前		使用中			使用后
目标	寻找	到达	哺乳	换尿布	集奶	离开
触点	根据导视系统查找，打开小程序寻找站点	放置婴儿车 开门	座椅、矮脚凳辅助 把手和紧急按钮	护理台 垃圾桶 洗手池 婴儿用品售卖机	插座 热水机 储物柜	收拾个人物品，开门，解锁婴儿车
行为	❶ 导视 ❷ 用手机查看	❸ 寻找空闲母婴室 进入母婴室	❹ 1.放置随身物品 2.安放婴儿 3.固定婴儿 ❺ 1.进行喂奶或换尿布前洗手等清洁工作 2.拿出需要用到的护理用品	❻ 1.为婴儿清洁或换衣服 2.给婴儿换尿布 ❼ 用一次性奶粉袋等泡奶，喂婴儿	❽ 扔掉用过的护理用品、清洁用品、一次性奶粉袋等	❾ 1.离开母婴室 2.自动付款，查看订单
痛点	·标识牌不明显 ·没有电子定位 ·携带物品较多，不方便开门	·婴儿车太大，存储不便 ·双手占用，开门不便 ·用户太多，排队较长	·坐立哺乳，受力困难 ·脚踏凳拿取和起身困难 ·灯光照明不合适 ·在哺乳过程中隐私得不到保障	·护理台材料较硬，幼儿抵触 ·缺少物品摆放区和纸巾盒 ·护理台洗手池距离远，清洗不便 ·室内温度无法自主调节 ·婴儿用品携带不足	·地面不防水、不防滑 ·材料不环保、不安全 ·卫生问题堪忧	·东西遗漏 ·开门不方便 ·计费问题
情绪	妈妈希望快点找到母婴室，焦躁、着急 孩子饥饿，需要换尿布，困了	妈妈情绪渐渐平复，但仍然焦虑 孩子对新环境感到陌生	妈妈渐渐冷静，开始着手处理问题 孩子与妈妈靠近，情绪稳定	妈妈因为孩子不配合或哭泣手忙脚乱，感到焦虑 孩子因为陌生环境等感到不安，哭泣	妈妈放松下来 孩子解决饥饿及身体不适问题，情绪渐渐稳定	妈妈解决问题，放松、开心 孩子满足，愉悦
机会	·设计标识系统 ·增设电子定位 ·设计母婴室导航系统	·合理规划操作动线 ·简化操作行为 ·改善产品尺寸	·采用舒适的沙发椅或坐垫 ·按需调节室内光线和温度 ·设计隔间	·安全舒适的护理台 ·方便易用的洗手池 ·可视化的操作流程 ·妈妈经验交流平台 ·婴儿用品补给站	·地面防滑 ·环境安全检测 ·消毒设备	·自动感应开门 ·后台自动扣费

图 6-27 用户旅程图

（1）换尿布。

在携婴外出的过程中，换尿布或处理被污染的衣物是家长时常面临的任务，其紧迫性有时甚至超过哺乳。换尿布的过程，如图 6-28 所示。在人流密集的公共场所，若缺乏操作台等便利设施，这样的换尿布过程可能对孩子的健康构成潜在威胁，也难以保障孩子的隐私。此外，这样的操作还可能导致周边环境污染。周围人注意到年轻父母在忙乱中处理这一情况时，双方都可能感到尴尬与不适。

（2）哺乳。

在育婴的过程中，女性哺乳的方式可以归纳为两大类——卧姿哺乳与坐姿哺乳。卧姿哺乳主要包括侧躺式与半躺式，这些方式在特定的环境下（如家中）较为舒适。然而，在公共场所哺乳时，坐姿哺乳则显得更为便捷。坐姿哺乳的具体形式包括摇篮式、橄榄球式和交叉式，如图 6-29 所示。这些方式不仅方便哺乳期女性操作，同时能在公共场所为婴儿提供更为安全和舒适的哺乳环境。因此，在公共场所育婴时，优先选择坐姿哺乳方式。

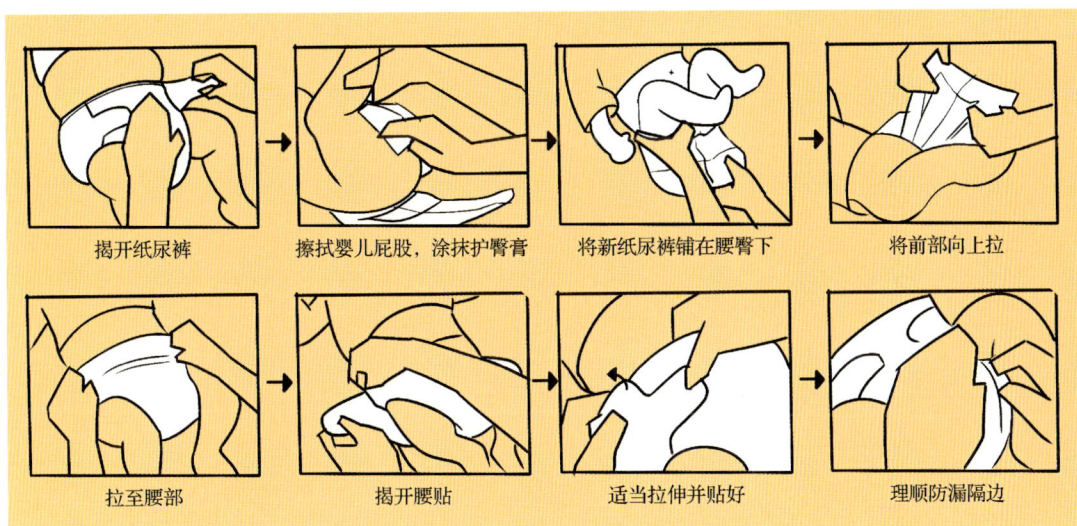

图 6-28　换尿布过程

哺乳方式	具体方法	示意图
摇篮式	将婴儿头颈放在手肘部，背部贴着手臂；用手托住婴儿臀部，使其头部与身体呈一直线；可用抱枕或扶手等支撑手臂，让婴儿与乳房保持一定高度。	
橄榄球式	婴幼儿躺在妈妈臂弯处，侧身面向妈妈。婴儿下身用抱枕支撑。妈妈用前臂托住婴儿背部，身体为直线，让婴儿鼻尖对着乳头。	
交叉式	用哺乳乳房同侧的手托住乳房，另一只手从婴儿身后搂住婴儿；用靠垫支撑婴儿上半身。待婴儿正常吮吸后，改为双手交叠支撑婴儿头部。	

图 6-29　女性不同的哺乳方式

我们通过研究资料和观察哺乳行为，了解到在每次持续 20 ~ 30 分钟的哺乳期间，哺乳期女性的腰部和手部会承受显著的压力。因此，哺乳期女性往往会选择舒适的沙发椅或靠垫支撑腰部，同时抬高腿部，既保证婴儿保持正确的哺乳姿势，又能缓解腰部和手部的压力，减轻哺乳过程中的疲劳感。

（3）集乳。

集乳是哺乳期女性在长时间无法陪伴在婴儿身边时采取的一种行为，即挤出或利用特定器具吸出乳腺内的乳汁，并将其收集保存，以供婴儿需要时食用。

在集乳过程中，哺乳期女性可能出现身体前倾、跷二郎腿、踮脚等不自觉的动作，这些行为会导致腿部受力面积增大，进而使身体处于紧绷不适的状态。这一问题一般用两种方法解决：一是增设垫脚凳，与座椅的高度匹配；二是调整座椅高度，确保哺乳期女性在集乳时身体能够自然形成约 65 度的夹角。这两种方法均能有效提升哺乳期女性在集乳过程中的舒适度，并减轻不必要的身体紧张感，如图 6–30 所示。

图 6-30　集乳坐姿

（4）其他行为。

母婴室的设计应该考虑如何满足婴儿与不同携婴者的多样化需求，而不仅是局限于为哺乳期女性提供更换尿布的便利。随着二胎家庭的普及，家庭成员的需求愈发多元化和复杂化。二胎家庭的父母在照顾婴儿时，对大孩子的情绪和行为需要关注。因此，母婴室增设娱乐区域，不仅能够有效满足儿童在家长为婴儿哺乳或换尿布期间的娱乐需求，还能显著减轻他们与其他成员的焦躁情绪。

3.用户需求分析

对本课题的用户需求进行分析，除使用访谈法外，还使用问卷调查法。本次问卷旨在调查用户的基本信息、户外母婴室的使用困扰，以及用户对现有母婴室的满意度和期望。问卷共发放 100 份，成功回收有效问卷 86 份。在参与问卷调查的受访者中，男性 26 人，女性 60 人。对于携婴者常出入的场合进行统计，大约 13% 的携婴者频繁出入游乐园，而高达 57% 的携婴者更倾向于购物中心或广场，约 12% 的携婴者经常光顾体育场或运动公园，另有约 18% 的携婴者常常出入景区或旅游点，如图 6–31 所示。

关于母婴室的使用体验，大部分用户表示在母婴室内进行哺乳和换尿布等活动是可以接受的，但普遍对母婴室内的设施清洁状况及整体使用感受表示不满。基于这类用户的反馈，我们对母婴室设计的改进点进行了统计。结果显示，现有母婴室在功能设施的设计和卫生清洁方面均有待加强，如图 6-32 所示。因此，为了提升用户体验，母婴室的设计应该在这两个方面进行重点优化。

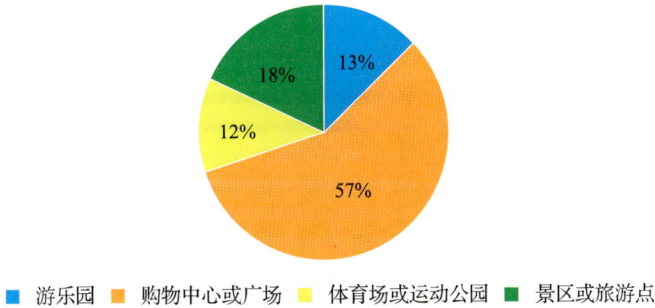

图 6-31　人群分布

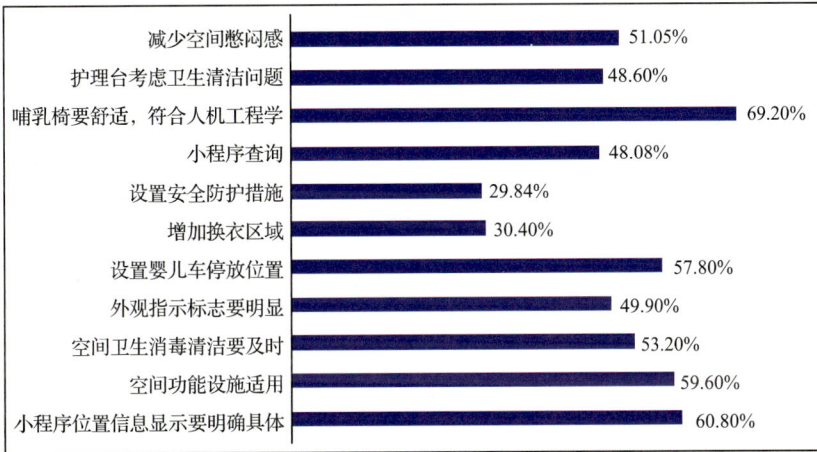

图 6-32　使用者对母婴室的感受

携婴者在使用母婴室的过程中，对于多个功能区域的需求表现出显著的偏好。其中，换尿布区域、盥洗区、休息区和哺乳区是他们最关注的区域。此外，携婴者还普遍期望母婴室能够提供便利的在线查询功能，以满足他们快速获取信息和服务的需求。这些需求共同构成了携婴者对母婴室设计的核心关注点，如图 6-33 所示。

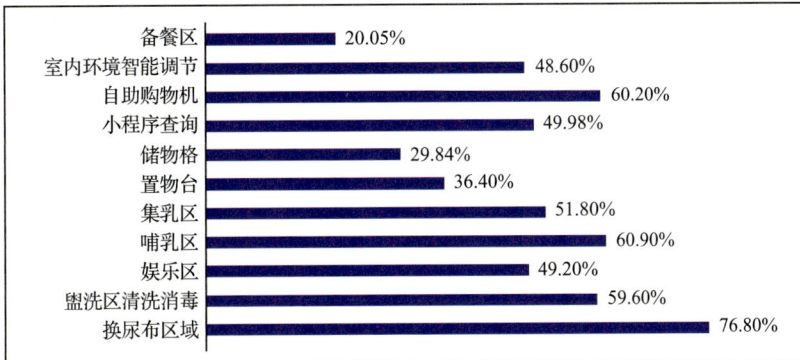

图 6-33　使用者对母婴室的需求

我们对携婴者在空间内设施的使用感受进行归纳，并对户外母婴室的设计机会点进行了统计，如图 6-34 所示。在功能设施设计、卫生清洁等方面，现有母婴室都需要得到进一步的强化。

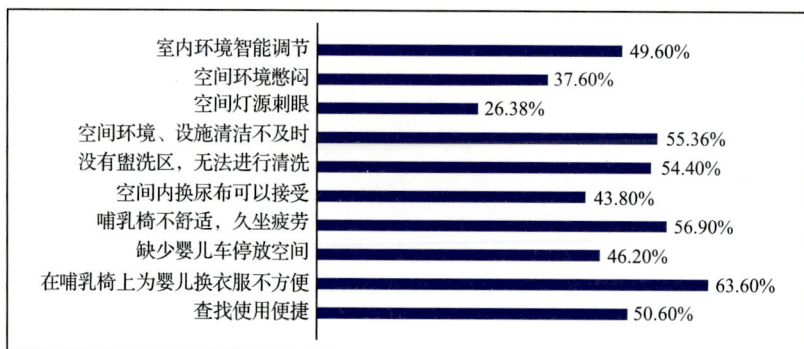

图 6-34 设计机会点统计

我们整合前期用户体验与用户旅程图，将机会点系统归类为环境管理需求、情感关怀需求、引导性需求与设计改进需求；结合技术创新和用户体验设计，提高整体使用体验感，从而明确了母婴室的设计要点，如图 6-35 所示。

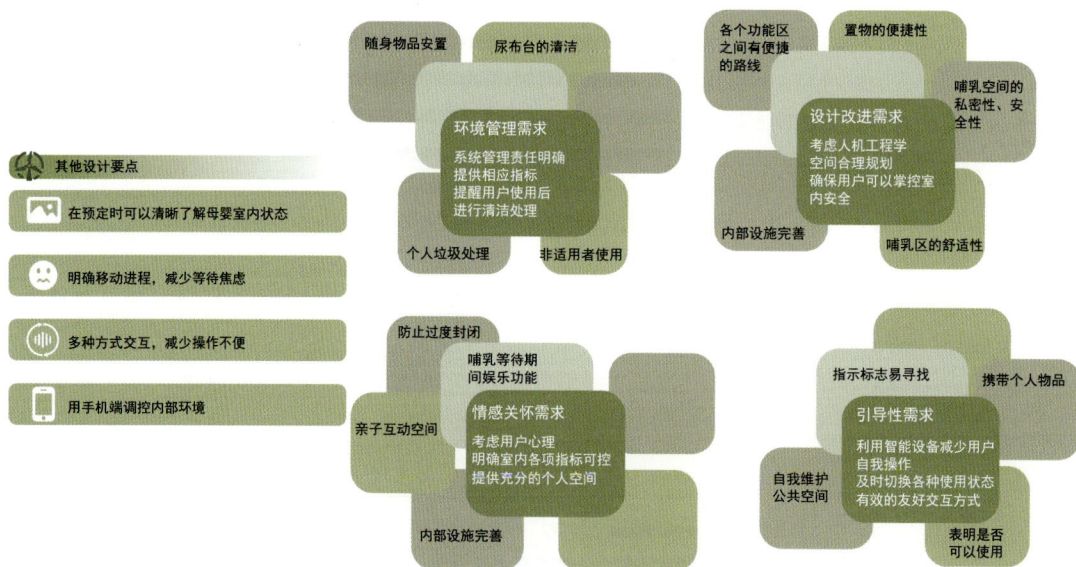

图 6-35 母婴室的设计要点

6.4.4 母婴室内部功能区基础设施设计

1. 婴儿护理区

在护理台右侧设置盥洗盆，以确保能够随时供应温水。同时，在台面下方设置垃圾桶，便于用户快速处理在护理婴儿过程中产生的垃圾，保持环境整洁。为保障婴儿护理台的卫生与安全，在护理台顶部墙内安装杀菌灯。当护理完成时，用户合上护理台，杀菌灯便自动开始工作，并在杀菌完成后自动关闭，为用户提供一个安全、放心的使用环境。护理台局部效果，如图6-36所示。

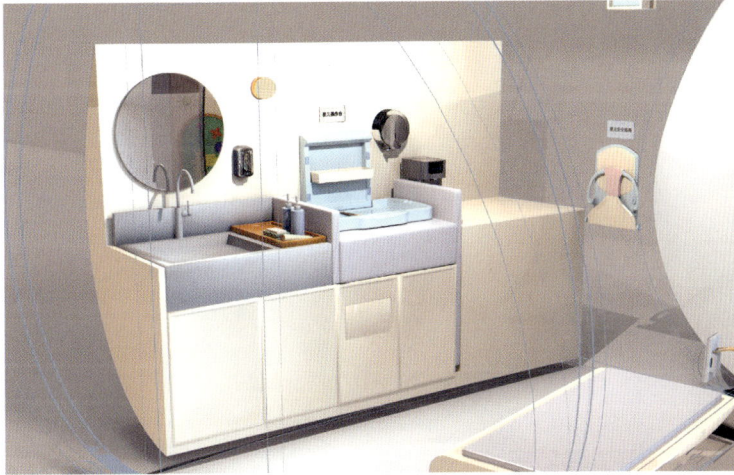

图6-36　护理台局部效果图

2. 哺乳、集乳区

用户在哺乳过程中多为单人操作，置物台配有环境控制面板，方便用户调节室内灯光、温度等，简化操作流程。哺乳座椅的设计考虑了对人体各个重点部位的支撑并配有按摩功能，为用户带来更为舒适的体验。头枕的高度可以调节，以适应不同用户的需求。座椅扶手上附加扶手枕，为用户提供额外的肘部支撑，增加了使用的便捷性和舒适度。脚凳采用独立设计，可以巧妙地藏于座椅底部，节省使用空间。这些人性化的设计细节，为用户创造了一个便捷、舒适且温馨的哺乳环境，如图6-37所示。

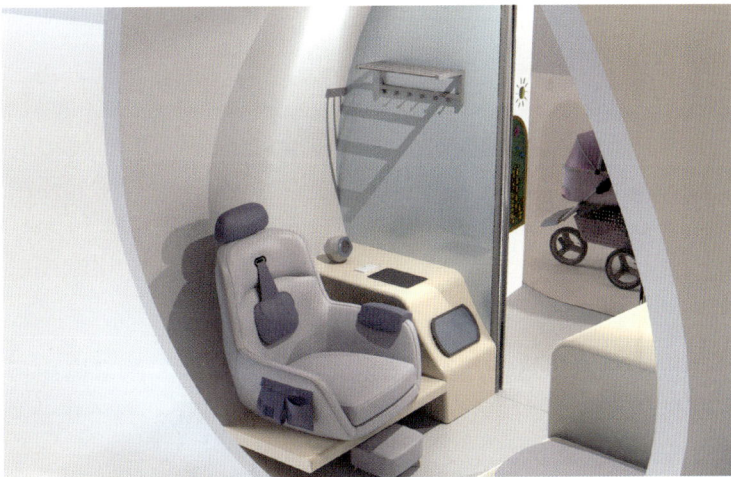

图6-37　哺乳、集乳区效果图

3. 其他区域

门口右侧设有婴儿车停放区，用户通过扫码开锁，婴儿车停放与取用更为简单快捷，方便携婴者操作，如图 6-38 所示。

图 6-38　婴儿车停放区效果图

在母婴室的入口区域设置自助购物机。用户可以通过自助购物机选购纸尿裤、湿巾等婴儿护理用品。这一服务减轻了育婴者外出时携带大量婴儿用品的负担，为他们出行提供了便利，如图 6-39 所示。

图 6-39　自助购物机效果图

在公共场所设立带有娱乐区的母婴室，可以极大地增强二胎家庭出行的便利性，如图 6-40 所示。家长无须四处寻找适合大孩子玩耍的地方和担心孩子在公共场所吵闹影响他人，可以更加专注照顾婴儿。

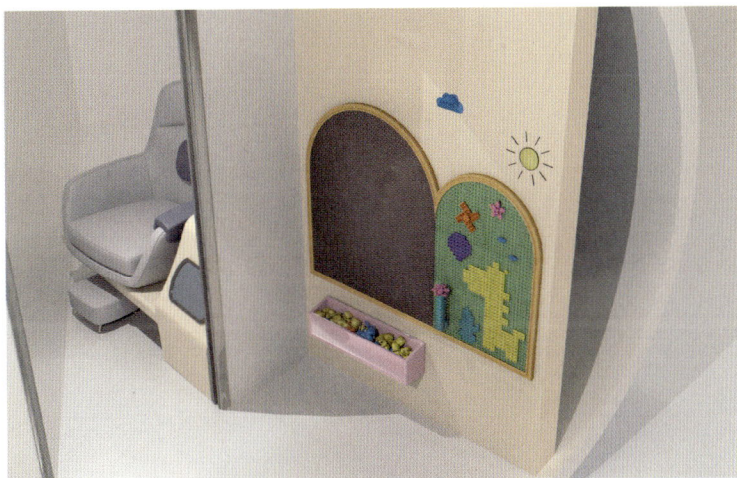

图 6-40　儿童娱乐区效果图

6.4.5　配套用户界面设计

我们以小程序作为本次软件设计的载体，功能设计围绕以下需求展开。

1. 智能导航与预约

针对用户在寻找母婴室时遇到的困扰，在小程序首页设计了一套智能导航系统。该系统不仅提供便捷的站点查找功能，使用户能够迅速定位附近的母婴室，还具备预约功能，确保用户在到达母婴室时能够享受更加顺畅的服务体验。

2. 舒适环境智能调节

为解决母婴室内设备使用舒适度的问题，用户可以通过手机实时调节室内温度、灯光等环境参数，确保每位育婴者都能享受到安全舒适的哺乳环境。

3. 便捷购物体验

考虑到育婴者外出时携带物品的不便，母婴室配有专用的自助购物机。用户可以通过小程序提前查询并下单购买所需商品。用户到达目的地后，只需扫码即可取物，实现即买即用的极速购物，大大减轻了出行负担。

4. 个性化用户界面

小程序为用户提供个人信息设置、站点收藏、系统反馈等常规功能，方便用户进行信息管理、服务记录查询等操作，为用户带来更加便捷的、个性化的使用体验。

用户界面，如图 6-41 所示。

图 6-41　用户界面

6.4.6　最终产品效果

我们经过大量的色彩搭配，尝试使用不同的颜色进行功能分区，得到最终的产品效果图，如图 6-42 所示。

图 6-42　最终的产品效果图

通过不断技术创新、服务升级和文化融合，母婴室未来将成为更加人性化、智能化、环保和可持续的空间，我们希望通过这一设计为携婴者提供更加舒适便捷的服务。

6.5 基于盐城湿地文化的温酒器设计

近年来，国家大力推广文旅融合，蕴含地域文化的产品进入人们的生活。人们因为接触到有故事的产品，主动去了解不同地域的文化及生活，人与人、地域与地域因产品把彼此之间的距离拉近。

6.5.1 课题目标

随着互联网短视频的兴起，越来越多的城市在互联网上吸引游客。例如，哈尔滨、淄博都是跟随质朴的人情味和独特的地域文化发展起来的。一个城市不仅需要有良好的城市环境，还需要有独特的地域文化。盐城独特的地域文化就是湿地珍禽文化。盐城市借助人工智能辅助设计，开发独具盐城形象的文化创意产品，将地域文化融入其中，赋予该市新的文化展现形式，推广和传播盐城湿地文化。

6.5.2 盐城湿地文化特征概述

长江和淮河入海口的大量淤泥沉积形成的滩涂湿地，成为盐城独特的世界级自然资源，面积 680 多万亩，占江苏省滩涂总面积的 7/10、全国的 1/7，盐城也被誉为"东方湿地之都"。盐城湿地是东亚 - 澳大拉西亚候鸟迁徙路线的中点，是全球 9 条候鸟迁徙通道中面积最大、线路最长、迁徙候鸟数量最多的一条线路。盐城湿地珍禽国家级自然保护区内出现过 1665 种动物，鸟类达到 421 种，一级保护珍禽就有 27 种，其中丹顶鹤、麋鹿和勺嘴鹬被称为盐城的"吉祥三宝"，是盐城形象的文化载体，如图 6-43 ~ 图 6-45 所示。

图 6-43 丹顶鹤

图 6-44　麋鹿

图 6-45　勺嘴鹬

6.5.3　温酒器历史及现状

《说文解字》对酒的叙述："古者少康初作箕、帚、秫酒。少康，杜康也。"这里大概说的是夏朝的杜康善酿酒。酒在我国的发展历程，如图 6-46 所示。酒是至关重要的文化载体，贯穿整个中华文化发展的历史进程，而温酒器是酒文化中最为重要的酒具之一。传统中医认为冷酒伤胃，酒温着喝最合适，温酒可以促进血液循环，减少对脾胃的伤害。最佳的饮酒温度，不同的酒有所不同。黄酒一般以不烫口为宜，温度为 45 ~ 50℃。白酒一般在室温下饮用，稍加温后饮用，口味会变得较为柔和，香气也变得浓郁。这是因为白酒温度低于 8℃之后，香气会进入封闭状态。红酒则适宜搭配水果香料煮沸之后喝。温酒器就是用来温酒的酒器，可以让每类酒处于饮用的最佳状态。

现代人更加注重养生，很多人开始尝试温酒喝，但温酒的过程过于简单，只追求将酒加热到适口的温度即可，甚至直接加热酒，反而降低了酒的醇厚口感。随着"围炉煮茶""围炉煮酒"的兴起，温酒器市场逐步扩大。

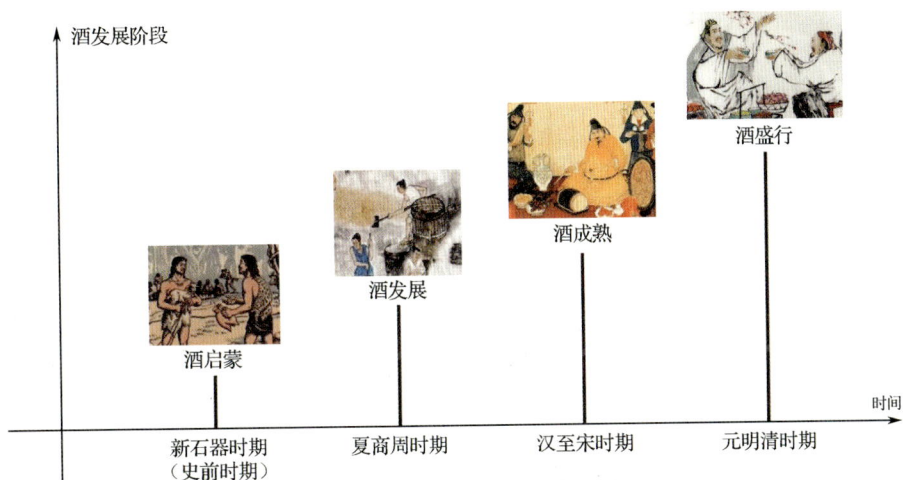

图 6-46　酒在我国的发展历程

6.5.4　需求分析

经过调研，我们最终总结出以下三个用户需求。

（1）产品融合盐城风土人情，能够体现独特的盐城湿地文化，反映盐城独特的历史文化。人们在留下独特美好的旅行回忆的同时，可以深入了解盐城湿地文化。

（2）产品更加实用。文化与产品相结合，大多数是装饰性的文创产品。除了文化属性，用户还希望产品具备实际用途。

（3）在确保产品具有较好的耐用性与美观性的同时，用户希望产品采用精湛的工艺，以保证质量。

6.5.5　设计定位

本课题主要从盐城湿地文化"吉祥三宝"的角度出发，分别从麋鹿的日常形态、丹顶鹤的造型特点、勺嘴鹬的动态进行总结提炼，结合温酒器中的酒壶、温碗、酒杯等部分进行设计。

6.5.6　人工智能辅助抓取设计灵感

人工智能辅助抓取设计灵感是本课题的重要环节。在对设计内容进行分析之后，我们利用 Midjourney 进行辅助设计，抓取灵感。

1. 第一轮抓取设计灵感

我们直接让 Midjourney 生成一些传统温酒器图片，了解 Midjourney 所理解的温酒器造型，发现其理解的温酒器造型和我们的设计意向有出入，如图 6-47 所示。

图 6-47　第一轮设计灵感抓取图（部分）

2. 第二轮抓取设计灵感

我们通过一张温酒器产品造型图，结合关于温酒器的关键词，依然让 Midjourney 较为自由地进行灵感发散。此轮生成的图片风格依然不是我们最终目标造型的方向，如图 6-48 所示。

图 6-48　第二轮设计灵感抓取图（部分）

3. 第三轮抓取设计灵感

我们上传了 2 张目标意向图，由 Midjourney 进行关键词描述，总共生成四组关于图片描述的关键词，然后让 Midjourney 用这些关键词生成新的图片，如图 6-49 所示。

在对比四组方案之后，我们选择和自己意向最为贴切的一组关键词，根据自己最终想要的目标造型方向进行关键词修改。然后，将关键词再一次发送给 Midjourney，让其进行设计灵感抓取，生成的图片如图 6-50 所示。

图 6-49　用 Midjourney 所给关键词生成的设计灵感抓取图（部分）

图 6-50　第三轮设计灵感抓取图（部分）

4. 第四轮抓取设计灵感

本轮选择最贴近目标风格的温酒器造型生成大图，然后将自己的想法转换为关键词并导入 Midjourney，叠加前三轮形成的风格意向图，生成多组图片，选择最贴近个人想法的图片，重点对温酒器的温碗和加热炉进行设计。将生成的风格意向图与期待的造型的关键词结合，对一组图片进行区域重新生成，生成的图片如图 6-51 所示。

图 6-51　第四轮设计灵感抓取图（部分）

5.第五轮抓取设计灵感

逐渐加入麋鹿、丹顶鹤与勺嘴鹬元素，通过叠加动物照片和意向产品造型，配合描述所需动物元素生成新的图片，如图6-52所示。

图 6-52 第五轮设计灵感抓取图（部分）

在进行五轮 Midjourney 设计灵感抓取之后，我们最终发现可以选取鹿角、鹤顶、鹬的身体造型等要素分别对酒壶的线条、温碗的造型、酒杯的形态等不同方面进行设计，将动物造型语义与产品造型结合起来进行设计。

6.5.7 设计方案草图

结合 Midjourney 生成的设计灵感，开展草图绘制。草图一主要对酒壶和温碗细节进行推演和设计。在整个设计灵感选取的过程中，主要是从丹顶鹤求偶的动作中汲取灵感，将丹顶鹤抬头、低头的造型作为酒壶的把手来设计，如图 6–53 所示。

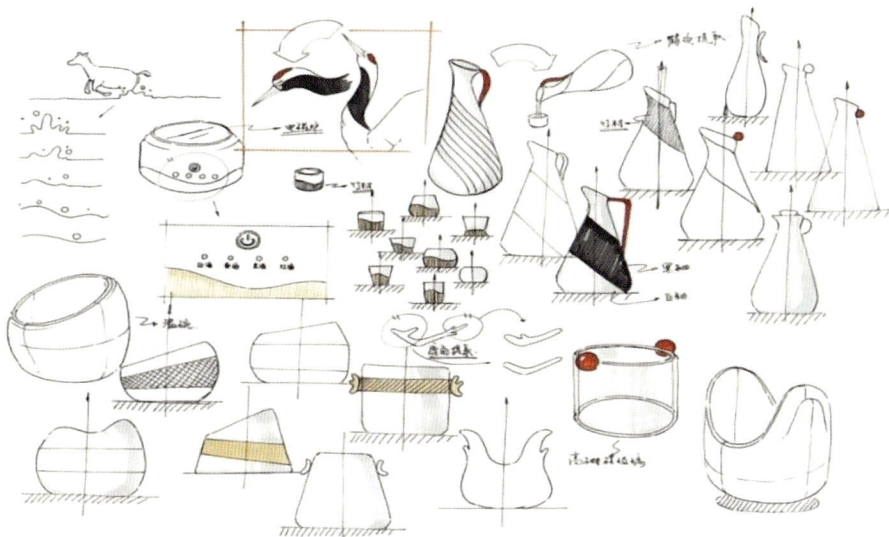

图 6-53　草图一

草图二主要结合勺嘴鹬的形态进行设计方案的推演，将勺嘴鹬最具有特色的喙和温酒器的蜡烛托盘进行结合；将勺嘴鹬的身体形态和温碗与加热炉结合，将放置口做成翅膀的简化造型，如图 6–54 所示。

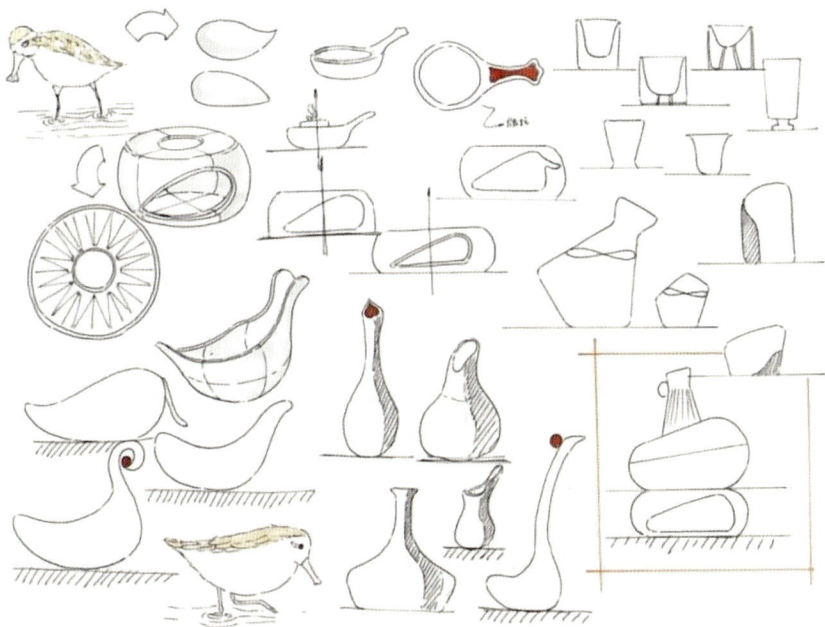

图 6-54　草图二

草图三主要对温酒器的配件造型进行思考，如图 6-55 所示。

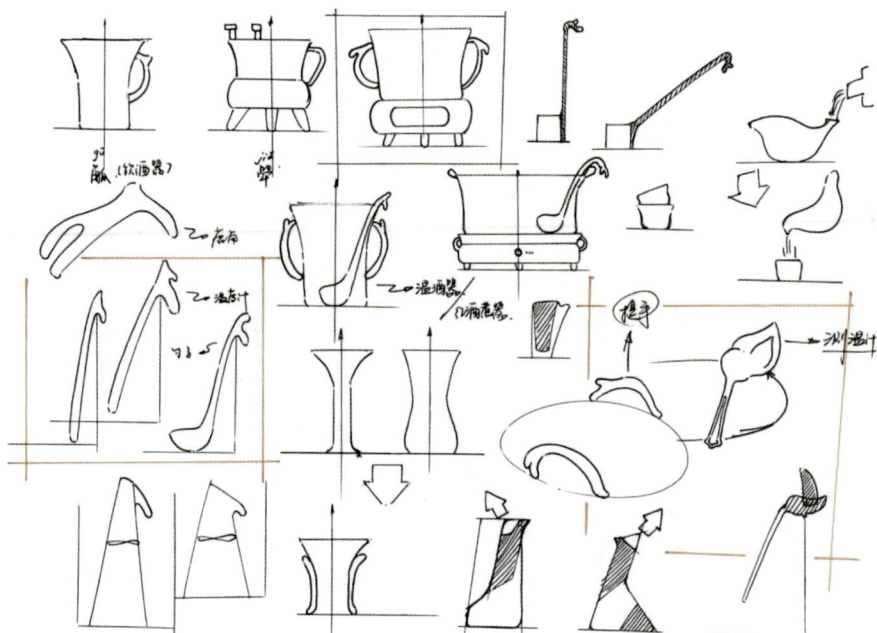

图 6-55　草图三

草图四主要对收纳方式进行设计和思考，通过叠加方式缩小产品所需空间，以实现便携性，同时对酒壶的加热方式也进行了思考，如图 6-56 所示。

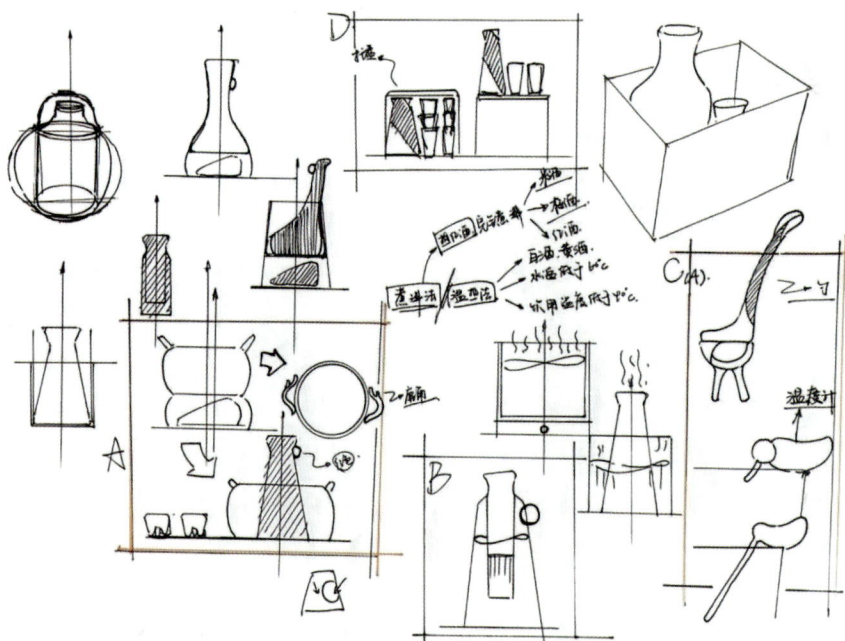

图 6-56　草图四

草图五选取麋鹿抬头的形态，进行酒壶造型的推演和调整，根据不同年龄麋鹿的鹿角特点进行顶盖设计，如图 6-57 所示。

图 6-57　草图五

通过初步建模，温酒器的整体形态如图 6-58 所示。

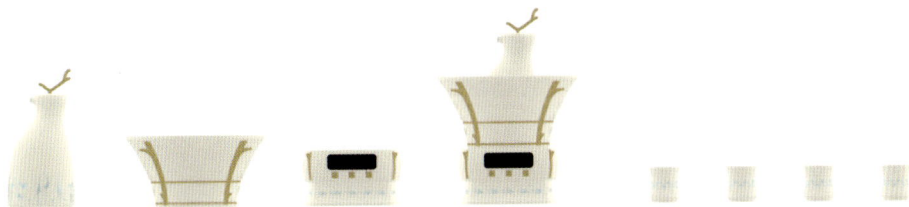

图 6-58　温酒器的整体形态

6.5.8　温酒器色彩、尺寸及展示效果

经过对中国传统色的搭配尝试，我们最终选择汉白玉色、茉莉黄色、淡翠绿色三种中国传统色作为主要色调，如图 6-59 ～ 图 6-63 所示。

图 6-59 酒壶渲染

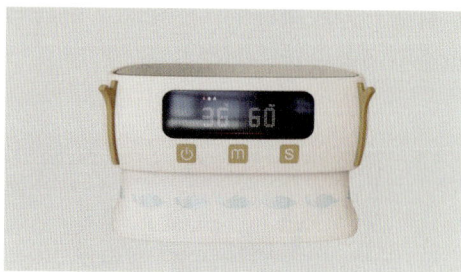
图 6-60 电陶炉底座渲染

图 6-61 温碗渲染

图 6-62 酒杯渲染

图 6-63 场景图渲染

温酒器符合人体手部尺寸，其三视图如图 6-64 所示。温酒壶的容量约为 300 毫升，温碗可以盛放约 500 毫升热水。产品实物模型，如图 6-65 所示。

设计创造消费，为消费服务，是最有效推动消费的方法。设计具有地域文化特色的产品，可以更好地促进地域文化的推广和经济发展。

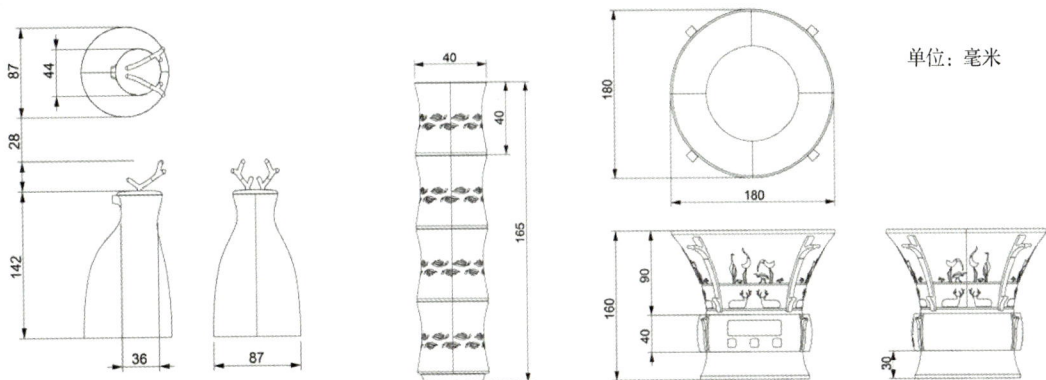

单位：毫米

图 6-64　温酒器三视图

图 6-65　产品实物模型

■ 本章小结

　　本章通过六个实践案例深入探讨了不同领域的产品创新设计思路与实践过程。每个案例各具特色，展示了设计在不同场景下的应用：乡村太阳能公共设施设计注重可持续能源与公共空间的结合，其选题属于热点话题，符合四大选题原则；报废汽车再改造设计尝试将可持续理念与产品生命周期结合；虚拟互动建构类儿童玩具设计则体现了数字化与教育的融合；基于情感化的母婴室设计关注用户体验中的情感需求；基于盐城湿地文化的温酒器设计将地域文化与产品设计相结合，并将人工智能工具引入设计过程，完成灵感的交流和生发。这些案例展示了从可持续发展到情感化设计、从文化传承到创新教育的广泛应用，全面体现了产品创新设计的多样性与实际应用价值。

参 考 文 献

[1] 霍布斯鲍姆.工业与帝国：英国的现代化历程 [M].梅俊杰，译.2版.北京：中央编译出版社，2017.

[2] 曼奇尼.设计，在人人设计的时代：社会创新设计导论 [M].钟芳，马谨，译.北京：电子工业出版社，2016.

[3] 康芒纳.封闭的循环：自然、人和技术 [M].侯文蕙，译.长春：吉林人民出版社，1997.

[4] 霍肯，洛文斯 A，洛文斯 H.自然资本论：关于下一次工业革命 [M].王乃粒，诸大建，龚义台，译.上海：上海科学普及出版社，1999.

[5] 杜瑞泽.产品永续设计：绿色设计理论与实务 [M].重庆：亚太图书出版社，2002.

[6] 斯皮尔.大历史与人类的未来 [M].北京：中信出版社，2019.

[7] 格伦瓦尔德.技术伦理学手册 [M].吴宁，译.北京：社会科学文献出版社，2017.

[8] 戴利.稳态经济新论 [M].季曦，骆臻，译.北京：中国人民大学出版社，2020.

[9] 戴利，法利.生态经济学：原理和应用 [M].金志农，陈美球，蔡海生，译.金志农，校注.2版.北京：中国人民大学出版社，2014.

[10] 凯利.失控：全人类的最终命运和结局 [M].张行舟，陈新武，王钦，等译.北京：电子工业出版社，2016.

[11] 刘新，维伦纳.基于可持续性的系统设计研究 [J].装饰，2021(12):25-33.

[12] 娄永琪.面向可持续的设计：设计工具、理论和方向 [J].创意设计源，2016(5):22-25.

[13] 纳什.大自然的权利：环境伦理学史 [M].2版.青岛：青岛出版社，2005.

[14] 马尔帕斯.批判性设计及其语境：历史、理论和实践 [M].张黎，译.南京：江苏凤凰美术出版社，2019.

[15] 皮克林.深入理解生态学：理论的本质与自然的理论 [M].赵设，何春光，盛连喜，等译.2版.北京：科学出版社，2014.

[16] 莫基尔.增长的文化：现代经济的起源 [M].北京：中国人民大学出版社，2020.

[17] 约恩森.生态系统生态学 [M].曹建军，赵斌，张剑，等译.北京：科学出版社，2017.

[18] 贝克特.棉花帝国 [M].徐轶杰，杨燕，译.北京：民主与建设出版社，2019.

[19] 诺曼.情感化设计 [M].付秋芳，程进三，译.北京：电子工业出版社，2005.

[20] 沃斯特.自然的经济体系：生态思想史 [M].侯文蕙，译.北京：商务印书馆，1999.

[21] 马库森，孙志祥，辛向阳.设计行动主义的颠覆性美学：设计调和艺术和政治 [J].创意与设计，2015(2):4-10.

[22] 帕帕奈克.绿色律令：设计与建筑中的生态学和伦理学 [M].周博，赵炎，译.北京：中信出版社，2013.

[23] 魏伯乐，维杰克曼.翻转极限：生态文明的觉醒之路 [M].程一恒，译.上海：同济大学出版社，2018.

[24] 余谋昌，王耀先.环境伦理学 [M].北京：高等教育出版社，2004.

[25] 麦克尼尔，恩格尔克.大加速：1945 年以来人类世的环境史 [M].施雱，译.北京：中信出版集团，2021.

[26] 塔卡拉.新经济的召唤：设计明日世界 [M].上海：同济大学出版社，2018.

[27] 钟芳，曼奇尼.社会系统观下的社会创新设计 [J].装饰，2021(12):40-46.